LOCUS

LOCUS

LOCUS

LOCUS

每天晚飯後是全家的水果時間，LUCKY吃完自己的一份還嫌不夠，正盯著媽咪手上的芭樂。

LUCKY是隻生性愛玩水的黃金獵犬，見到溪水就撲向前去。

出生四十天，剛到趙老大家的逗趣模樣。

LUCKY和媽咪在家中客廳。

LUCKY的才藝都是媽咪一手調教的成果。

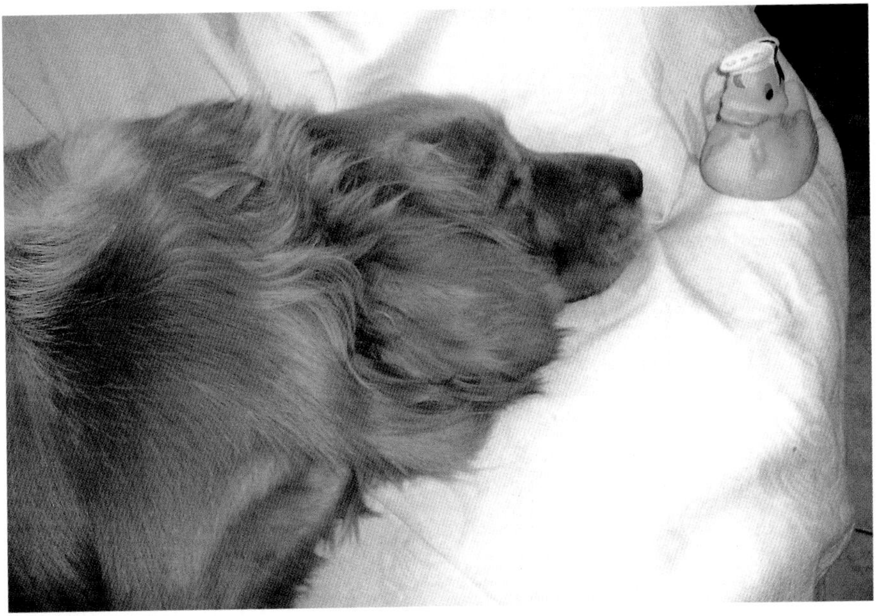

LUCKY和心愛的玩具鴨一起打盹。

趙老大上阿里山露營，自然少不了LUCKY陪著爬山。

出門散步蹓LUCKY是趙老大的每日行程。

家住澄清湖畔，LUCKY最愛來這蹓躂了。

LUCKY和媽咪在澄清湖畔。

LUCKY總愛呵呵笑，露出媽咪細心刷出的一口大白牙。

Smile, please

smile 104 趙老大蹓狗記——黃金獵犬LUCKY的生活日誌

作者：趙慕嵩

責任編輯：林雲 美術設計：蔡怡欣

校對：呂佳眞

法律顧問：全理法律事務所董安丹律師

出版者：大塊文化出版股份有限公司

台北市105南京東路四段25號11樓

www.locuspublishing.com

讀者服務專線：0800-006689

TEL：(02) 87123898 FAX：(02) 87123897

郵撥帳號：18955675 戶名：大塊文化出版股份有限公司

總經銷：大和書報圖書股份有限公司

地址：新北市新莊區五工五路2號

TEL：(02) 89902588 FAX：(02)22901658

排版：辰皓國際出版製作有限公司

製版：瑞豐實業股份有限公司

初版一刷：2012年4月

定價：新台幣260元

Printed in Taiwan

趙老大蹓狗記

黃金獵犬Lucky的生活日誌

趙慕嵩
著

Contents 目錄

Part4——LUCKY的喜·怒·哀·樂

前言　趙老大的牽掛

郝明義（大塊文化董事長）

第一次見趙老大，在一九八九年的九月。一個光線不很明亮的飯店樓道，樓道盡頭的房門打開，趙老大就翹著二郎腿，坐在正對門外的一張椅子裡，一面玩他手裡的相機，一面瞄瞄門外，一面又拉高嗓門和屋裡的人聊幾句。

那是我第一次去北京。當時我剛出版了他報導六四天安門事件的《危城手記》。趙老大還在北京蹲點，我去大陸看看出版的市場，順便帶新出的書送他。我們都在時報，算是同事。

「有人來，我就乾脆開著門說話，省得人家以為裡面在幹什麼。」他朝著樓道裡走過去的服務員努努嘴，跟我解釋在那個還挺敏感的時候，他為什麼要敞著門說話。

那天，他帶我去吃涮羊肉，喝兩杯二鍋頭。後來我們還和一些新認識的北京朋友一起去了卡拉ＯＫ。

之後多少年，見趙老大的地點從大陸到台灣，從台北而高雄，從路邊的哪個小飯館到他自己開的餃子館，場合不一，但一直都在延續那第一次的印象。趙老大始終是那個大剌剌，總有一套自己對待周遭環境的哲學和態度，講到高興了就朝你揚眉呲牙一笑，講到火氣來了可什麼情面也不留的趙老大。

也因為他的樣貌、性情始終如一，所以三不五時和他聯絡一下是件挺愉快的事。即使是通個電話，收他個「便箋」電郵，他那個老大的樣子，尤其八九年夏天初識之時的一些氣味，也好像都跟著生動起來。一個人能始終鮮明地活出自己的個性，連別人都可以因而生動地勾起自己一些相關的記憶，並不是件容易的事。

□

最後一次見趙老大，是今年二月十九日。在那之前大約一個星期，我上一次去看他的時候，他還在醫院的加護病房裡。當時，口腔癌末期並已擴散到肺部的病情，對他打擊很大。他不想再接受治療，連飲食也不想。短短的探訪時間裡，多半只是緊緊地握著我的手，眼裡泛著淚光談他的ＬＵＣＫＹ，以及還沒寫完的ＬＵＣＫＹ的書。但是在這一天，趙老大卻變了個樣。他已經恢復了進食的慾望和決心，因此先出了加護病房，再進一步出院回家。他把整理好的ＬＵＣＫＹ照片交給我，看著ＬＵＣＫＹ在腳邊躥上躥下，談起病情及未來一些想法時，眼光很安定也很溫暖。

我知道這一個星期會發生這麼戲劇性的變化，是因為他對阿彌陀佛的信仰有了新的體會。但他也沒有多說什麼，只是朝我點點頭，簡短地說一句：「有用。」

也因此，當我聽說他在三月十四日看過ＬＵＣＫＹ這本書的封面設計，晚間突然大出血而住院，十五日下午五點過世時，我並沒有那麼難過。畢竟，他在病榻上牽掛的ＬＵＣＫＹ的這本書已經完成，他也安定地在治療中走完了最後的路，並且是以相對而言減免許多痛苦的方式。

我相信他一定在跟隨阿彌陀佛走一條自在、安心的路。

□

最後一次見趙老大的時候，他跟我說，在ＬＵＣＫＹ這本書之後，還想再寫另一本書。現在他這本書寫不出來了，我把他想和大家分享的重點整理出來。

是有關他的病，口腔癌。

去年底，趙老大口腔潰瘍嚴重，今年春節前去大型醫院檢查，證實是口腔癌，是末期並且擴散到肺部。

他跟我說，事實上，早在五年前有一次去看牙醫的時候，醫生就提醒他在口腔裡有個部位應該做個切片檢查。但他沒有理會。後來，又有類似的機會，醫生又有類似的建議。但是他都在不舒服的時候去看看醫生，等疼痛不適的症狀減輕之後，就又不肯做進一步的追蹤檢查。如此耽誤許多時間和機會。

說起這些，趙老大沒有什麼難過或遺憾的神色，他只是很平常地加了一句：

「人啊，就是不要對自己的健康太有信心了。每個人的身體，其實都沒有自己想的那麼好。」

至於他為什麼會患上口腔癌，他認為是和嚼檳榔有關。他以前只是偶爾吃顆檳榔，但是開餃子館之後，則吃得多起來。

「你想想看嘛，我每天都要到菜市場去親自買菜。去這個攤子，去那個攤子，人家給你遞根菸，送顆檳榔，你能不吃嗎？」

所以，趙老大想把他這本書名之為《死神為什麼第二次來敲我的門？》，專門談他自己對大家健康的一些提醒，以及他對檳榔危害國人之烈的分析。

他對檳榔的看法，我完全贊同。從二〇〇二年起，癌症就成為台灣死亡人數超過排名第二加第三加第四名總和的病因。「現在，台灣總共有一百萬癌症患者，並以每年十萬名新生癌症患者，每年四萬名死於癌症的人數而在持續增加。相較於美國，從一九九〇年代開始，癌症患者逐年下降，今天已經減少一半，我們的落後，是十分顯著的。」四年前，我訪問國家衛生研究院的溫啟邦教授，他這麼告訴我。而吃檳榔，正好是和吸菸、肥胖、不運動這些要素共同形

自序　快樂的生活開始了

我五十五歲學電腦，六十五歲學游泳，七十歲玩癌症，七十二歲以後學著養寵物；結果，就碰上了ＬＵＣＫＹ。牠是一條黃金獵犬，因為牠太聰明、太善解人意、太會隨著阿公的動作起舞，ＬＵＣＫＹ的每個生活片段，都成了我撰寫記錄的主題，同時，也印證了我們不可分割的生命樂章。

這是一段人與狗互動的故事。

在台灣，很多人搶著飼養寵物，很多人又急著丟棄狗狗，這是一個很矛盾的社會。這也是一個沒有人性的現象。

不管我們的心態怎樣改變，狗狗永遠是無辜的，牠永遠是受害者；牠永遠是人們圖利的工具。儘管牠受盡委屈，但牠卻永遠對主人忠心耿耿，我們只聽說主人離棄牠們，卻沒聽過狗狗背叛主人。這是事實。

我有位朋友養了一隻黃金獵犬，有天主人病了，病得很重，住進了醫院，每天和他生活在一起的狗狗，發現主人突然不見了，牠開始焦躁不安，整天趴在陽台的窗前，望著街道，等待主人回來。在企盼的三天中，不吃不喝，喉間發出哼哼的哀鳴，像是在哭泣。後來，女主人在醫院中拍下主人的照片，狗狗看了照片，興奮莫名，女主人告訴牠，再等幾天，阿爸就回來了，狗狗才恢復進食。有天我去醫院探望這位朋友，發現在床頭櫃上，擺了各式各樣的狗狗照片，我的朋友每當從昏睡中醒來，一眼看到狗狗照片，就會開心的露出笑容，有時也會滴下淚水，他想狗狗。

台灣有幾年掀起飼養寵物的風尚，其中又以狗狗最為得寵，各型品種在寵物店中展示，正因為有利可圖，有人不計血統，大量繁殖，近親交配或緊密雜交，造成品種品質下滑，形成市場一團混亂。當寵物的主人發現寵物成長後不符經濟利益時，又任意拋棄，台灣流浪狗成了都市的一大景觀。

我有位在大陸武漢當公務員的朋友，有年來台參訪，他從台北來到高雄，問他有什麼觀感，他說：台灣和大陸最大的差別就是在馬路上看不到公安，但是流浪狗卻比大陸多太多。官方設有流浪狗收容中心，環保人員捕得流浪狗後，在中心關閉一周，在一周之內如果沒人認養，即處以安樂死。一條生命就這樣結束，人製造狗狗的生命，又在發現失去利用價值時，給牠死亡，狗狗是何等委屈與無奈，人又是何等殘酷與荒唐！

這本狗的故事書，將從一隻出生四十天的黃金獵犬寫起，在共同生活將近五年中，記述牠的成長過程，牠從嬰兒期、兒童期、少年期、壯年期，一個階段一個階段的長大，牠的名字叫ＬＵＣＫＹ，現在正是牠青春年華的時代，當牠的臉上出現白色毛鬚時，牠就進入了中年期，我不等牠到兩鬢斑白，我努力記下牠的每段精華歲月。狗狗的壽命平均在十五歲左右，等到那時再為牠做記錄，不是牠垂垂老矣，就是我也接近齒牙動搖，眼前茫茫的暮鼓晨鐘之年，那時，我和牠都無法欣賞這本故事的片段了。

在這段精華的日子裡，我們天天廝守打混，冬天，牠陪我晒太陽，看我打電腦，注意我在鍵盤上敲打牠的點點滴滴；夏天，我們出外露營，牠就在大自然中奔跑，夜間牠就睡在廂型車的後段，牠跟著我們在野地架炊煮飯，跟著我們吃火鍋，但是在牠的食物裡沒有鹽，沒有厚油，這都是我那口子為牠調理的野外食物。

一歲半的時候，牠能聽懂我們的談話，雖然不會說話，但牠也有表達的方式，牠會搖尾巴，嘴唇和前腳做出各種動作，後來又以喉間的吼聲來進一步反應內心的意見……等等。

因為飼養ＬＵＣＫＹ，我也去了解流浪狗收容中心。有天，我在市郊的一個中心，見到各種大小狗群，我在角落見到一隻黃金獵犬，牠默默的望著我，眼神是很乞憐的，是等待的，我伸手到欄內，牠很友善的舔著我的巴掌，牠一聲也沒叫，就是搖著尾巴，我明白：牠一定等待我的救援，牠想跟我走，但是我無能為力，因為有了ＬＵＣＫＹ，我不可能再收容另一條流浪犬，我對牠很抱歉。我走了，回頭望著牠，牠還望著我，是不是在哭泣？不知道，但我很心酸，我想這不知又是哪個主人造的孽。隔了三天，我又去收容中心，獲得了好消息，管理人員說，就在第七天的前一晚，牠被一對夫婦接走了，感謝天，一條生命終於逃過一劫。

我從狗的生活中，獲得很多以前不了解的生命意義，以及人與狗之間的溝通管道，我得到最大的啟示是；人比不上狗，因為狗在一生中，只有一個中心思想，效忠牠的主人；但是人在一生中，有繁雜的思想，不是為財賣命，就是為榮華富貴在效忠，那種搖尾乞憐的表現，比狗還不如。

飼養LUCKY之後，我真的學到很多，也體會到不少。我整天和LUCKY攪和，但我是在學習。

在這本故事中，包含著很多小故事，都很感人，都是很動聽的真實故事。過年期間，我和我那口子帶著LUCKY到花蓮露營，我們在一戶大宅院內見到一位雙目失明的中年婦人，她歡迎帶狗的家庭到她家中作客，因為她有一條黃金獵犬的導盲犬，這段故事也將是書中的一頁篇章。

我今年七十六歲，LUCKY也將近六歲，我希望我和牠都能度過垂老的歲月，因為我們覺得一起過日子很快活，何況我現在教LUCKY唱歌，儘管牠鬼喊鬼叫，但牠有興趣，每當牠叫出一聲之後，我就獎牠一粒甘納豆，牠就愛吃甘納豆，每當拿出豆罐子，LUCKY就嘿嘿的笑了，然後一聲嘶吼，LUCKY又開始唱歌了。

Part1

LUCKY來我家

第一天

有天，掛電話給台北的老朋友簡公，聊天問候。我們在閒聊時，聽到狗叫聲，我問簡公：「你家養狗嗎？」

簡公一邊回我話，一邊哈哈大笑。原來，他家的狗在搶他手裡的包子。簡公說，牠吃得太快，吃完兩個包子，又來搶簡公的那份，簡公不給，牠就咬主人的腳，逗得簡公笑個不停。

我們的話題轉到簡公家的狗，我突然想起，我和簡公年紀相同，我也可以養隻狗來調劑生活，他又說：「養了狗才感受到狗狗的可愛。」

我問簡公：「每天都去蹓狗嗎？」他又笑了，說，蹓狗雖然很快樂，但是要留神牠會發飆，暴衝起來，拖著跑，很危險。

簡公說，他養的是黃金獵犬，漂亮又溫馴，不過暴衝起來就六親不認了。自從他被心愛的狗狗在大街上拖倒之後，蹓狗的責任就由兒子來接手了，因為黃金獵犬雖然天生一副好個性，但是也有例外，就是在馬路上碰到母狗，牠就會胡思亂想，急著要在母狗面前表現一下，於是就發飆了。簡公就是在大清早牽著心愛的黃金獵犬，在人行道上蹓躂時，突然牠跳起來，死命的衝出去，簡公被牠突來的動作，扯得全身失去重心，摔倒在紅磚道上，早起散步的一對夫妻趕上來扶起簡公，摔得不輕，但神智還算清醒，簡公坐在路邊喘息時，想起自己的黃金獵犬，四處張望，原來，牠已回到原位，站在路旁聽候主人的發落。

簡公朝著遠處搜尋，發現那隻黑色母狗對簡公的黃金獵犬顯然沒興趣，頭也沒回的跑開了，簡公很吃力地從路邊撐起身子，拉著他的寵物回家。

簡大嫂看到這對「老人與狗」的組合很狼狽的回來了，再發現簡公身上沾滿塵土，也就知道發生了什麼事，數落著簡公，沒有造成腦震盪就是不幸中之大幸，沖了一杯熱茶給簡公壓驚。從那天起，簡公的蹓狗活動就由兒子取代了。

聽到簡公的這段經歷，我在想，如果我也養了一條黃金獵犬，會不會也碰上同樣情況？會不會把我也拖倒在人行道上？一旦我被拖倒，必定引來一群行人圍觀，老人與狗，在高雄上演了。想到這類狀況，暫時放棄養狗的盼望。

但沒隔多久，希望又重新燃起，我一直在憧憬著一個老人帶著一隻狗在公園裡散步的模樣：我們走累了，停下來，我餵牠喝水，自己啃著袋內的麵包，牠撲過來搶我手裡的麵包，這幕情景不就像簡公家的黃金獵犬搶他的包子嗎？太有意思了，我很寂寞，需要有個玩伴，我把我的期待向那口子做了簡報。

用了將近七分鐘光景，我把我的簡報報告完畢，那口子似聽非聽、似懂非懂的樣子，沈默了一會，回應我：「我不反對，但是你要考慮我們只有這麼屁大的空間，兩個大活人已經夠嗆了，再添一條狗，有沒有牠的活動空間？」

我冷靜的想了幾分鐘，沒有回應她。她望著，可能在等我回答。

我想起一個兩全其美的辦法，我說，反正小時候不需要太多空間，放在狗籠內就可以了，等四個月後，長大了，我就帶牠出去活動，白天都在外面，只有天黑了才回來睡覺。

「你們整天都在外面晃蕩喔？神經病。」不等我回應，那口子又接下去說：「你也不寫稿了，整天就牽著狗在各地遊蕩，笑死人啦，真像是一個流浪漢牽著一條流浪狗。好笑，太好笑了。」說著，她真的大笑起來，笑得很認真。因為她知道我不可能不寫稿。

我很認真的說，我可以利用晚上時間寫稿。那口子還是在笑，而且有幾分神秘的味道。

我做了強制性的決定：「就這麼決定啦，既然妳沒有什麼意見，我們就來物色品種吧。」

那口子問我：「你怎麼想起要養狗？我很奇怪。」我很坦誠的說：「我是受了簡公的影響，因為他養了一條黃金獵犬，樂趣無窮，所以我也有了養狗的念頭，就這麼簡單，再說，我跟簡公同樣年紀，他可以養狗，當然我也可以養狗。」我們二人組的家庭會議就這麼結束了。

快要睡覺之前，她又有了一個附加的但書：「我知道你是非養不可了，我必須要說明白，將來狗進來之後，牠的吃喝拉撒全由你打理，我可沒有閒工夫，我每天為了包餃子已經夠累了，休息時間都不夠，不可能再來伺候一條狗。」

我只有連連點頭，全部接受。事實上，到了這個節骨眼，我能再有意見嗎？也是受了簡公的影響，我打算養一隻黃金獵犬。不過，我又想到黃金獵犬的發飆暴衝，只希望我能挺得住。

一夜好睡，心平氣和，人生又有希望。一條黃金獵犬即將和趙老大作伴了。我找到一位朋友，他的專業就是替狗美容，而且還會為各型狗狗傳宗接代，我掛電話給他，拜託他為我找一條黃金獵犬，他問我：「一定要黃金獵犬嗎？」他又說，可以考慮拉不拉多也不錯。我說，還是以黃金獵犬為第一優先吧。

我這位朋友找了多位養狗家庭，最後發現有隻剛剛出生四十天的黃金獵犬有意出售，我沒有意見，只要是黃金系列就可以敲定。結果，第二天就抱回家了。

當我捧著牠跨進門時，那口子正在看電視韓劇，我把牠放在茶几旁，牠眼睛還睜不開，那副睡眼惺忪的樣子，東張西望，當牠的小眼睛和那口子的大眼睛對在一起時，那口子說：「造孽呵，還沒斷奶的狗仔子，你就把牠抱回來了，晚上牠要找媽媽怎麼辦？」

我說，牠找媽媽的目的就是要吃奶，我已經買了奶瓶和狗奶粉，都已經準備好了。我們安心睡覺。那口子猛搖頭。

我們正在品頭論足，那口子覺得腳下濕濕的，低頭看去，叫起來：「撒尿了哇。」狗仔子進門的見面禮，我趕忙跑去洗澡間取來拖把，處理善後，那口子又在幸災樂禍了：「沒事找事，以後有得忙了。」

在將要睡著之前，她又冒出一句：「返老還童。老天真。」

LUCKY牠有了名字

小狗已經抱回三天了，眼睛還是半睜半閉，總像是沒睡醒的樣子，也正因為這個晃來晃去的模樣，特別引人注目，十分滑稽，逗人發笑。那口子似乎不再排斥牠，而且很用心的在注意牠。

有天晚上，看電視的時候，小狗又在茶几旁撒了一泡。那口子說，這傢伙怎麼專門愛在我的腳旁撒尿？我說，必定是你們有緣，牠喜歡跟妳。

她突然想到一個很嚴肅的問題：我們應該給牠取個名字吧，總不能用「小狗」做牠的名字吧？

我說，黃金獵犬是洋狗，所以應該有個洋味的名字。

一直到韓劇收播，終於想到了好名字：LUCKY

從這晚起，狗名字有了，LUCKY，很洋派的名字，而且很順口。為了讓牠明白自己叫ＬＵＣＫＹ，所以有事沒事就叫著ＬＵＣＫＹ，灌輸牠的印象，讓牠知道，只要聽到ＬＵＣＫＹ，就代表是有人在叫牠。我們手裡拿著一片餅乾，叫著ＬＵＣＫＹ，牠走過來，餅乾放在牠嘴裡，或者我們拿著牠最喜歡的皮球，叫著ＬＵＣＫＹ，牠看到心愛的皮球，必定跑來搶奪，皮球就放給牠。黃金獵犬確實是聰明的狗狗，只示範了三兩次，牠就領悟了。一個星期後，任何時刻的一聲ＬＵＣＫＹ，馬上靈驗，牠必定奔向叫喚牠的主人身邊。我們很有成就感，ＬＵＣＫＹ也有成就感，因為每次牠按照指令做對了，就能得到兩片餅乾的獎賞。

ＬＵＣＫＹ記住了牠的名字，同時也記住我們的名字。那口子就稱自己是「媽咪」、稱我為「阿公」，經常這樣的叫喚，一周時間，這個家裡誰是誰，牠都摸清楚了。

說實在地，我真沒想到黃金獵犬的智商這麼高。難怪美國的畜犬雜誌評鑑拉不拉多是最聰明的狗，黃金獵犬第二名。

為了和ＬＵＣＫＹ打混，我經常到住家附近的一家寵物超市閒逛。第一次走進這家超商，真的大開眼界，琳琅滿目。從頭到腳，什麼配備都有，除了金屬鍊和皮帶圈，數一數，少說也有五十多種，我在這裡才知道狗狗也有太陽眼鏡，還有運動便帽。再說吃的部分，更是令人眼花撩亂，除了各式進口飼料，還有罐頭食品，還有各類餅乾和零食，還有一種利用牛皮製成的大骨頭，就算狗狗吞下肚子，也不會有什麼麻煩，因為牛皮、牛肉、牛骨頭，本來就是狗狗樂意啃食的磨牙代替物。我一邊觀賞狗狗的用品，一邊嘆為觀止，因為現在商人很聰明，他們竟然在寵物身上找到一條生財途徑，佩服。

更妙的是，在這佔地很大的超市內，我還看到狗雨衣、狗大衣。有天，那口子從鄰近的百貨公司回來，說，百貨公司內也有寵物專櫃，專櫃內有狗狗的皮鞋，但是量碼訂做，一雙純牛皮的小鞋，竟然要一千五百元，我心想，我平常穿的都只是百元的便鞋，一雙狗鞋要一千多，沒必要吧？

到今天，我們也沒有給ＬＵＣＫＹ訂作皮鞋，實在沒必要，再說，如果給牠穿上牛皮鞋，牠心血來潮，誤認牛皮和牛肉同樣口味，啃個幾口把一千多元的鞋子吃掉，划算嗎？

我在超商逛了一個多小時，發現一種類似棉質的薄墊，問售貨員，他們說這是狗狗的專用便便墊。就是狗狗隨地尿尿，主人可以鋪上一張棉墊，狗狗就會尿在棉墊上，省了不少清理地板的麻煩。我買了一包，花了一千元。我在回家的路上很得意，心想，ＬＵＣＫＹ的尿尿問題總算解決了。

我那口子看我捧著一大包類似尿褲的東西回來，問我，你要給ＬＵＣＫＹ穿紙尿褲喔？

我拉出一張棉墊，鋪在地板上，向那口子解說它的用途。那口子反問我：ＬＵＣＫＹ願意到上面尿尿嗎？

我點頭回應說，人家店員說這種棉墊有種特殊味道，狗狗的嗅覺很靈敏，必然會到墊子上尿尿。明早起床，地板上就不會有尿尿了。那口子搖搖頭，她說了一句：「樂觀其成吧。」

我很早就起床了，目的就是想了解棉墊的成果。我失望了，大大的失望。

ＬＵＣＫＹ還在睡覺，牠躺的位置就在棉墊旁邊，但是那張鋪得很完整的棉墊卻被牠撕得一片片的，一泡尿就撒在地板上，也就是說，那張花一千元買的棉墊絲毫沒有發揮吸收作用。

我那口子聽到我在教訓ＬＵＣＫＹ，探出頭來，臉上露出那種似乎幸災樂禍的表情，半天之後才說，再試兩晚，也許牠不習慣吧。

我們又換了兩晚上的棉墊子，但每張都被ＬＵＣＫＹ撕得稀爛；總之，每天早起的第一件事就是清理地板，我跑去找有養狗經驗的人家請教，回答都是一致的：最少要在一歲以後，牠才能發現固定的尿尿位置。

在這個等待的過渡期，我找到一個竅門，每當我發現ＬＵＣＫＹ擺出要尿尿的姿態時，就把牠拖到陽台，陽台上放著一塊很大的塑膠盒，指著盒子吼牠，尿尿，尿尿。ＬＵＣＫＹ望著我，顯然是不明所以。

但是五六次後，牠開竅了，茅塞頓開，牠會自動走到塑膠盒內，我誇獎牠，取出小餅乾作為獎勵。這個幾乎造成天下大亂的尿尿問題，終於解決了。

LUCKY闖禍了

這是我們從沒料到的狀況，LUCKY開始磨牙了。

大約三個月過後，早起，滿地碎布和海綿，很明顯的，這是LUCKY闖禍了。那口子開始大喊大叫，一邊叫一邊收拾殘局，我站在旁邊，LUCKY則趴在一旁望著媽咪，那口子一把拉著牠的大耳朵，指著留著一個大洞的沙發，說：這個是LUCKY咬的呵？可以咬嗎？明天再咬就打打。我在一旁好笑，這不是對狗彈琴嗎。

有兩天安靜的早晨，LUCKY沒有再去咬沙發。好景不長，第三天，又出狀況了……天亮了，媽咪起床，發現剛剛整好的沙發，又被牠咬成這個樣子，火氣不打一個方向來，大聲叫著：「LUCKY，你過來，你過來。」

LUCKY早就在媽咪沒有起床前，趴在門口，前腳伸直，雙腳抱著頭，一副等候處置的模樣。這是LUCKY自請處分的姿勢，意思就是沙發已經咬破了，你就看著辦吧。

那口子發現ＬＵＣＫＹ趴在門旁，火氣未消，攏上去，拿起竹尺，在牠屁股上狠打了兩下，ＬＵＣＫＹ皮厚毛多，好似沒有感覺，但是頭還是埋在兩腳中間，眼睛咕嚕咕嚕的打轉，沒有什麼反應。我站在前方，這是家教，不便參加意見，那口子狠打了兩下後，火氣似乎稍稍消退，又打了兩下，走開了，ＬＵＣＫＹ還是原地不動，嘴裡發出聲音，舌頭也伸了出來，我走過去，摸著牠的頭，說：「記住，以後不能咬沙發。」牠沒有什麼表情，或許是聽懂了阿公的話。

我那口子說過，ＬＵＣＫＹ咬東西的習慣不改，我們家在三年內不能添購任何家具。除了沙發，木頭的桌角，椅腳，凡是硬的東西，都是牠的目標，那口子用毛巾包著桌角椅腳，ＬＵＣＫＹ也有牠的辦法，先把毛巾咬成棉條，再接著咬桌角，一個晚上可以咬斷一個桌角。可見牙口有多尖銳，工夫也是了得。

自從有了ＬＵＣＫＹ，家裡沒有朋友進門，那口子就是覺得這種破爛不堪的樣子，真的見不得人，三年後再請大家闔家光臨吧。

那口子打了ＬＵＣＫＹ兩竹尺後，又開始修理她的沙發，她找來一些碎布堵住被掏空的窟窿，再用膠帶貼住，再把一張大床單罩在上面，外表很整齊，又恢復了沙發的原樣。

那口子在修理沙發時，ＬＵＣＫＹ趴在旁邊，舌頭伸出來，望著媽咪傻笑，那口子一面修理沙發，一面對牠說：「你要是再把沙發咬破，當心媽咪把你牙齒打斷。」

ＬＵＣＫＹ吐出舌頭，嘿嘿嘿的笑著，猛搖尾巴，尾巴打在鞋櫃上，咚咚作響。這是ＬＵＣＫＹ最高興的表情。我猜不透牠在高興什麼，或許心裡另有打算吧。

為了糾正ＬＵＣＫＹ亂咬東西的習慣，我們請教王醫師，王醫師笑笑的說：「沒辦法，任何狗狗在幼年時期都喜歡咬東西，因為牠在長牙。」王醫師建議我到寵物店買狗骨頭，給牠磨牙，轉移牠的注意力，也許可以降低破壞家具的機會。

我跑去寵物店，架子上有各式的狗骨頭，大小都有，大的粗得像個半截棒球棍，我買了粗的和細的，這種假骨頭就是用牛皮煉製而成，可以想像它的堅韌度，因為是用牛皮製成，所以即使狗狗吞入肚內，也沒有危害。我放心的帶回家了。

ＬＵＣＫＹ就跟平日一樣，只要聽到我的腳步聲，就會守在門口迎接，當我推開門，牠就猛搖尾巴，表示歡迎，這也是我最窩心的時刻。

我把袋裡的各種大小骨頭取出來，ＬＵＣＫＹ果然新鮮好奇，我把那根細的骨頭給牠，牠叼著骨頭跑開了，鑽到洗澡間的池子底下，慢慢享受。我想，今晚不必擔心牠再破壞家具了。

我們正在看電視新聞，只聽得嗯嗯吱吱的聲音。我朝著洗澡間看去，原來那根細骨頭已經啃光了，牠還想第二根，因為牠看著我提著袋子進來，必定還有存貨。拿出來呀，牠眼睛一閃一閃的，意思就是催我趕快把骨頭拿出來。

我取出那根球棍粗的骨頭，ＬＵＣＫＹ一口搶下，沒有回到洗澡間，而是去我的電腦桌下，這裡也是牠吃東西的地方。

ＬＵＣＫＹ雖然平時啃過肉骨頭，但沒見過這麼粗的骨頭，牠有些疑惑，也有些害怕，怎麼阿公拿回來這種東西？這麼粗，又這麼硬，咬不動耶，牙齒受不了哦。

ＬＵＣＫＹ從小有個習慣，凡是沒吃過的東西，必定放在地上，用前爪撥弄幾下，再舉起前爪搖晃搖晃，好像在拜拜，我們常常看著這副模樣大笑不止，如果我們一直笑個不停，牠就發火了，大嗆幾聲，意思是：走開啦，不要看啦。

ＬＵＣＫＹ對著大骨頭拜了好幾下，又撥弄幾下，可能心想一切都安全了，牠又開始咬動，唉，真是太硬了，怎麼阿公帶回這麼硬的骨頭？咬不動，牠生氣了，又嗆聲，聲音很大，對著我發脾氣了。

我說：「你不是愛啃嗎？現在可以啃個過癮呀。」我不理牠，走開了，直到睡覺時間，ＬＵＣＫＹ對著那根骨頭還是莫可奈何，我又去看牠一眼，牠不咬了，趴在旁邊，眼睛瞪得很大，心裡莫非在想，我該用什麼方法把這根怪東西咬碎？我試探著想移動骨頭，ＬＵＣＫＹ立刻翻臉，喉嚨發出哼哼哼的怒吼。恐怖，我不敢惹牠，進房睡覺去了。

大早起來，關心那根磨牙的大骨頭，完整如初，果然有效，我回頭看去，完了，媽咪補妥的沙發的另一角又出現大洞，ＬＵＣＫＹ早就趴在門邊，四腳貼地，等候媽咪起床後發落。

別提了，ＬＵＣＫＹ屁股又挨了兩竹尺，媽咪又開始修補沙發了。

上學

自從有了LUCKY以後，我和簡公經常通電話，目的就是交換心得。有天我們正聊著，簡公放下電話，因為家庭教師來了。

我還以為簡公在學英文，後來才明白，原來是他請了一位專門登門訓練狗狗的家庭教師。

一個小時以後，我又掛電話給簡公，狗狗下課了，家庭教師走了。

每小時一千元。教什麼課程呢？起立、坐下、行走時要貼在主人左邊、任何情況下不許暴衝，等等。我想，必定是簡公上回被狗狗暴衝拖倒之後，才想到請家教來家訓練。

我問簡公，有效果嗎？簡公笑笑，他說，家教在上課時，他家狗狗聽話得很，趴在地板上聽候老師發號施令，而且都做得很認真。但是家教離開後，牠又回復原樣，對於簡公完全不理會，除非簡公手裡有一盒鼎泰豐的包子，包子吃完了，牠又開始和簡公嘻皮笑臉。簡公叫牠坐一下，牠就趴下，因為趴下比坐下舒服，簡公叫牠在客廳內跟著繞圈子，牠就隨心所欲，有時在左邊，有時在右邊，有時又走在簡公前面，家教給牠的左邊指令早就拋得遠遠的。但是隔了三天，教師又出現在客廳時，牠又言聽計從的跟著教師的口令做動作了。

簡公邊形容他的愛犬，邊笑，而且很得意的笑。簡公說，黃金獵犬是最聰明的狗狗。牠會察言觀色。主人真的生氣時，牠也會乖乖聽話。但是簡公會在兒女面前發脾氣，卻不會在愛犬面前生氣，因為牠太聰明了。

有次我向導盲犬訓練單位索取資料，看了資料後，我有疑問，既然黃金獵犬這般聰明，為什麼黃金獵犬很少成為導盲犬呢？拉不拉多反而是挑選導盲犬的第一優先？單位的訓練師回應我，就是因為黃金獵犬太聰明，主觀意識很強烈，有時你在訓練到一半時，牠可能又有什麼新的反應，牠就停工了。因此各國在挑選導盲犬的種子時，黃金獵犬就出局了。

有種情況也很有趣，拉不拉多和黃金獵犬交配的第二代，可能是優良的導盲犬，也許是取長補短的基因遺傳吧？因為拉不拉多穩重，配上黃金獵犬的聰明，於是就成了優質導盲犬。

有天，我和那口子商量，簡公家請了家教專門訓練他家黃金獵犬，我們是不是也該送LUCKY到狗學校去，接受正規教育？在高雄美術館附近有一間狗學校，每天有專門接送，早晨接去上學，傍晚送狗回家，我去打聽收費標準；每個月一萬元，三個月為一學期，負責人說，凡是他們認定畢業的狗狗，保證變成一隻規規矩矩的狗，不會狂吠，不會爆衝，而且坐有坐相，站有站相，不會隨地撿東西吃，不可能隨地大小便……

我也在狗學校的鐵欄外觀看狗狗上課的情形，訓練師一對一的教學，當這條狗在上課時，其他的狗狗就趴在草地上休息，有的打呵欠，有的睡著了，還有的望著上課的狗發愣，也不知狗狗在想什麼。可能在想肚子餓了，怎麼還沒吃早飯？

訓練師給我一張課程表，有三十多項，包括跳圓圈、鑽隧道在內，統統都是課程。我心想，一條狗如果畢業了，真的是一條有教養的寵物了。我的另一個想法是，憑著這些工夫，上電視絕對不是問題。我又想，一旦能夠上電視，必然就可以拍廣告了，拍廣告是可以賺錢的，如果我家的LUCKY有朝一日能夠拍廣告，我豈不是坐著收通告費了，我發了。

我把這整套構想告訴那口子，她笑笑，說：「你是窮瘋了，整天做白日夢。」

問那口子，對於LUCKY去上學，有什麼意見？她搖頭：「你把學費給我，我來訓練，保證三個月畢業。」

狗狗學校究竟有沒有教育效果？當然有，但是狗狗受完訓練結業後，還得經常返校複習，這就是所謂的「返校日」，大概是溫故而知新吧？訓練師說，否則狗狗就會把學校的功課忘得一乾二淨，白學了。

我也問過簡公，他請的家庭教師究竟有沒有成果？簡公回應我：家庭教師只要站在客廳內，黃金獵犬就是一條很聽話的狗，給牠什麼指令，牠必然完成；但是教師離去了，牠又回到原位原樣，簡公下達任何指令，牠都一副愛理不理，懶洋洋的樣子，要不就是東張西望，根本就沒把主人放在眼裡。

簡公曾經把這種反應告訴訓練師，他回答簡公，這就是狗狗不在乎他，因為牠明白牠在家中的地位，牠曉得家裡的人寵牠，不可能打牠，這就等於牠把全家人都吃定了。

不過也有例外，那就是這條聰明的黃金獵犬對於簡公的兒子特別不同，簡少爺只要下達指令，牠必然立即完成。為什麼？因為簡少爺會打牠，真的用勁打，日子久了，牠也明白了，原來在這個家庭中，誰都可以不去理會，唯獨對大少爺不能反抗。原因就是牆上掛著一個竹尺，只要大少爺取下竹尺，牠就要皮肉受苦了。

大少爺叫牠貼在左邊走，牠不敢靠右邊走；叫牠趴下，牠絕對不會坐下，而且是四條腿伸直，乖乖的趴在地板上，這是訓練師教的標準動作。如果，有點疏忽，四條腿沒有打直，大少爺的竹尺就敲下去，牠會立即修正，畢竟竹尺敲在腳上也不是好受的。

有時，簡公正在吃鼎泰豐的包子，而大少爺也正在發號施令，包子的香味在黃金獵犬周邊散發，牠望望大少爺手裡的竹尺，又望望簡公手裡的包子，儘管大少爺的每個動作還是按表操課，但是幾個動作完成後，口水卻已淌了一地。當大少爺離去後，牠馬上撲向簡公懷裡，搶下包子，一邊吃一邊喉嚨還發出唔唔的聲音，必定在說，你吃得比我多喔？

我和那口子商量很長時間，最後是依照那口子的決定：自家訓練。

我很注意有關狗狗的故事和訓練方式，我有個發現，按照訓練師的教材，在行走時，要訓練狗狗走在主人左邊，也就是狗狗在靠近車輛來往的一邊。我認為很沒有道理，因為狗狗比人矮，汽車駕駛人只能看到行人，卻不一定注意到行人的身旁還有一條狗，人車往來的晚上，狗狗等於變成了主人的保護牆。有天，我去狗學校向訓練師請教，訓練師也說不出所以然來，只說，這是日本訓練師的教材。至於是什麼理由？不明白。

我終於弄明白了，原來日本的人車都是靠左行走，所以牽著狗狗外出時，狗狗走在主人左側，貼著主人走，安全得很，日本人想得很周到，但是到了台灣，應該修正為狗狗貼在主人右邊走才對。然而一直沒人理會，我就常常感到危機四伏、險象環生，所以我從第一次帶著ＬＵＣＫＹ出門，就把牠的行進位置調整到我的右邊，起碼汽車駕駛人不會因為視線不明而誤撞ＬＵＣＫＹ，大家安心。

第一次享受蹓狗的樂趣！

轉眼間，ＬＵＣＫＹ已經六個月大，牠的聰明智慧幾乎全都表現出來了。

狗狗學校的教練說，狗狗最聰明的年齡從八個月開始。但是，我發現ＬＵＣＫＹ是天才狗狗，僅僅六個月，不但大小便已經完全在指定位置解決，而且很愛乾淨。譬如只要牠每天大小便的塑膠盒內沒有沖洗過，牠就憋著不尿尿，如此一來，又增添了我的一份工作，只要聽到那口子在陽台大叫一聲：「ＬＵＣＫＹ尿尿啦！」我就得拉出水管，沖著塑膠盒，洗得很乾淨，牠才會繼續尿尿，就好比抽水馬桶沒有沖水之前，必定不會再次使用。那口子說得有理：「ＬＵＣＫＹ是你抱回來的，這些事當然由你處理。」

沒錯，我來處理。我這是花錢找罪受。沒有，我心安理得。

我和那口子很自然的分工合作；吃喝由她安排，拉撒由我處理。當我們一切步上軌道時，時機也成熟了：出門蹓狗的時刻來臨了。這是我盼望很久的快樂時光。

在過去的日子裡，我們不僅為ＬＵＣＫＹ取了名字，我們也為自己取了名字，天天這般的嚷嚷，ＬＵＣＫＹ聽久了，明白了，我們出門散步那天，媽咪特別抱著ＬＵＣＫＹ的頭再三叮囑：阿公年紀老了，ＬＵＣＫＹ不可以在路上暴衝呵，不可以隨地尿尿便便，不可以吃別人的東西，不可以在小朋友面前大聲叫……這番叮嚀不就像小孩剛上幼稚園時，媽媽每天的叮囑一樣嗎？

那口子每句叮嚀都說三遍，我覺得好笑，叮嚀完畢，把那段套圈套在ＬＵＣＫＹ的脖子和胸部之間，因為用直接套在頸子上的套圈，又唯恐ＬＵＣＫＹ被拴得不舒服，所以花高價買了這款新產品，我們的設想是夠周到的。

一切都準備就緒了。出發吧。住家附近有個小公園，正好是遛狗的好場所。

我們剛要跨出大門，那口子又急著出來叫我：別忘了這兩樣東西。她交給我兩樣東西，一樣是水瓶，另一樣就是糞杓。前者是給ＬＵＣＫＹ補充水分，後者是隨地撿拾ＬＵＣＫＹ的大便。

我心想，這是幹什麼？是ＬＵＣＫＹ在遛阿公？還是阿公在遛ＬＵＣＫＹ？沒話可說，這是我自找的戶外活動。

我一直在腦子盤旋，老人遛狗不是很愜意的事嗎？

跨出了住家的大門，跨上了馬路，車來人往，ＬＵＣＫＹ沒見過這種場面，在長大的過程中，LUCKY只有每天蹬著靠窗的沙發，透過紗窗往對面的大樓張望，對面大樓的陽台偶爾出現狗狗，牠就會叫兩聲，出門，是牠盼望很久的期待。五分鐘的路程，我們就來到公園門前，LUCKY沒見過公園，那麼大的場地，牠側過頭來望著我，可能在等我解開套圈，讓牠開心的奔跑一陣，我沒依牠，因為我也有我的想法；一旦我放開了套圈，牠就像放生的小鳥一樣，出了籠子就不回來了，怎麼辦？

我牽著牠，緊緊的牽著牠，LUCKY一邊走一邊回頭望我，必然在等我放手，牠就能自由自在的跑開了。事實上，這是不可能的。繞了一圈，LUCKY蹲了下來，便便。我的工作來了。果然，便便了，我蹲下身子，用新買的糞杓，夾起便便，套進塑膠袋內，返家再處理。我拎著LUCKY的便便，一手牽著牠，還得挪出兩根指頭夾著那瓶水，我真忙，也真累。

在中國北方農村，每當秋收之後，農家的老人就揹著一個大竹筐，出外撿拾牛馬的糞便，可做肥料，也可在晒乾後當燃料。撿糞便的老人手裡有個竹夾子，找到牛糞後，只需伸出竹夾子就可把大堆牛糞撿起，順手一彎，就落到背後的竹筐內，不必彎腰，也不會費大勁。此時此刻，我成了北大荒年代的拾牛糞的老農民了，心裡也覺得好笑。

繞了兩大圈，我累了，LUCKY也不想跑了，停下來，喘氣。我扭開塑膠瓶，對著牠的嘴灌了一些水。我說，回去吧。我們就回家了。

那口子見到第一次出門的LUCKY，問我：有沒有暴衝？我說沒有。那口子又自我表現的說，出門前有過叮囑，牠不會忘記。

我說，但是有過便便呵。

那口子又問LUCKY：公園好不好玩？LUCKY望著媽咪，嘴裡呼呼作響，可能在回應媽咪的問話。

因為一路順暢，那口子在吃飯時，給了我一個新的任務：以後你就負責LUCKY的戶外活動，她又說：「你也應該出去走走，趁著蹓狗機會，自己也活動活動，整天盯在電腦前面，眼睛都快瞎了。而且容易老人痴呆。」那口子放下飯碗，接著說：「你牽著LUCKY散步，一舉兩得，你更健康，牠也快樂。」

我能說不快樂嗎？

我每天帶著LUCKY出門，都是在鄰近的公園活動。有天我就想，為什麼不去遠一點的美術館園區散步？第一，視界廣，活動面積大，LUCKY也能增添不少見識；第二，換換環境，LUCKY也會產生新鮮感，心情必然更高興。

晚上吃飯時，我向那口子提出新計劃，我說，我們要去美術館活動了。那口子問我，從住家到美術館有一段路，怎麼去，走路去嗎？我回她：我用摩托車載著牠，到了美術館再下來散步。

這個計劃太好了，走在大街上不是常見很多人載著一條黃金獵犬在兜風嗎？很拉風的感覺。有時，ＬＵＣＫＹ見到狗狗坐機車，也會回頭望著我，心裡必然在想：阿公，我們也可以坐機車出去玩呵。

沒問題，阿公很快就讓ＬＵＣＫＹ坐機車。我帶著牠到地下室，架起我的機車，推牠跨上踏板。我發動引擎，引擎的震動聲把ＬＵＣＫＹ驚嚇得從踏板上跳下來，我那口子笑得前仰後合，沒頭沒腦打了ＬＵＣＫＹ一巴掌，嘴裡還在唸著：沒出息，坐車車有什麼可怕的，上去。那口子在發號施令，ＬＵＣＫＹ死命向後退，就是不肯上車，而且繞著我的大腿，不敢離開。那口子嘴裡還在嘮叨：好啦好啦，以後就走路去公園吧，沒出息。

我想到一個辦法，我打電話給介紹我們買下ＬＵＣＫＹ的寵物店老闆阿元，我問他ＬＵＣＫＹ怎麼不敢坐機車呢？阿元說，那是牠不習慣，或者把ＬＵＣＫＹ載到他的店裡，教牠幾次就習慣了。阿元還說，台灣的狗都會坐機車，教兩次就夠了。

果然，名師出高徒，ＬＵＣＫＹ在阿元面前表現得很好，坐著阿元的機車的架式很拉風。那口子又數落了我一頓：是你不靈啦，ＬＵＣＫＹ不聽你指揮，牠怕你把牠弄摔倒。ＬＵＣＫＹ很能聽懂那口子的話，望著我張著大嘴，呵呵呵的笑著。

第二天，又到了出外散步的時間，我對ＬＵＣＫＹ說：今天要坐車車，不要怕，阿公不會摔倒ＬＵＣＫＹ，不要怕。

很順利，引擎啟動，牠趴在踏板上，等我出發。我摸著牠的腦袋，一再安撫牠，不要害怕，阿公帶你去大公園，很好玩呵。

我們出發了，牠很安分的蹲坐在踏板上，就跟其他狗狗一樣的姿勢，很挺拔的模樣。我想，成功了，阿元真有一套，竟然兩個回合就把ＬＵＣＫＹ訓練成功了。每當碰上紅燈時，我就夾緊雙腿，等於把牠綁在踏板上，使牠動彈不得，但是只適應了兩個紅燈，當來到第三個紅燈前面時，ＬＵＣＫＹ不能忍受了，或許牠在想：怎麼一直走走停停，阿公沒有別人的車車快，煩死了，真的，煩死了。牠不耐煩的在一個紅燈前面跳下車，動作突然，差點把我拖倒，我趕緊拉住牠，叫牠名字，不停的叫。

我很狼狽，一手拉著ＬＵＣＫＹ，一手又要掌控機車，而機車的引擎還沒熄火，弄得我有點手忙腳亂，不知如何是好。好在我的腿長，一條腿站在地上，穩住車子，另一隻手緊拉著ＬＵＣＫＹ，而且嘴裡不停的叫牠，總算牠給阿公面子，沒有往前衝。停住了，我用勁把牠拉回來，牠又上車了，有驚無險，我們又啟動了。

媽媽的，從住家到美術館園區，也不過七八分鐘車程，但是走走停停，有時是等紅燈，有時是ＬＵＣＫＹ在扭動身子，我不得不放慢速度，差不多晃了十多分鐘才到園區，架好車子，我們開始漫步了。又是一段新的嘗試。

ＬＵＣＫＹ對美術館園區感到很新鮮，因為樹蔭很多，而且花草密布，在花草中有昆蟲爬動，引起牠的注意。尤其是飛舞的蝴蝶，更令ＬＵＣＫＹ興奮極了。牠試探著想撲上去抓蝴蝶，我則死命的拉著套圈，我怎拉得動三十公斤的LUCKY，只能用口令制止，但玩興正濃的LUCKY怎麼會理會阿公的口令，牠依然朝著蝴蝶的方向奔跑，我則拿出吃奶的力道拉住圈套。最後，蝴蝶飛得不見了，我算是解脫了。

瘋了一陣，牠回到我身邊，我們找到一條長條椅坐下，我喘氣，牠也喘氣，我們對著喘，我知道牠要喝水，因為牠的口水淌出來了，表示牠口渴了，要喝水。我從肩上取下水瓶，牠就張開大嘴，我把水瓶對著牠的大嘴倒水，三兩口就喝了大半瓶，牠開始趴在椅子下休息。不一會，牠也跳上長條椅，LUCKY必定在想，阿公坐在長條椅上，我也要坐椅子。過往行人對LUCKY很喜愛，有人停下步子摸摸牠的頭，拍拍牠的肩膀，LUCKY就是一條討人喜愛的狗狗，任何人和牠接觸，牠都是張開大嘴嘿嘿嘿的笑著。我告訴人群，牠叫LUCKY，於是有人叫牠名字，牠更高興了，猛搖大尾巴，像個大掃把，圍觀的人越聚越多，人見人愛，在這個吸睛的圈子裡，我能不高興嗎？當然高興，心想：帶LUCKY出來是正確的決定。

去了好幾次美術館後，我對用摩托車載LUCKY還是不能安心，因為我的摩托車只有五十西西，牠的體型大，又重，趴在前面，總是覺得不安穩，因為我不能掌握牠什麼時間會暴衝，一旦發作，後果是不堪設想的。

何況，我這把老骨頭又怎麼經得起四腳朝天，我向那口子反應，那口子也覺得很危險，為了安全，我們就改用那輛廂型車做交通工具。LUCKY樂透了，每天到了外出時間，牠就會叼起糞杓，我就揹起水壺，出發了，我開車時，牠會把腦袋放在我的胳臂上。反正，什麼姿態舒服牠就擺出什麼姿態，牠太聰明了，完全不管阿公開車時的注意力，只要牠滿意，就不理會阿公了。

出去多次後，我又有一種發現，黃金獵犬的注意力很分散，而且對任何事都很好奇，很有新鮮感，所以每次帶LUCKY出門，儘管套圈在我手裡，但不知牠什麼會停下來不走了，也可能突然興奮得跳起來，原來牠發現一隻蒼蠅，要去抓蒼蠅，所以我很累，每次出門一回，我就像脫了一層皮，真夠累呵。

那口子還是幸災樂禍的說：快樂嗎？

老人與狗，蹓狗的樂趣如何？

LUCKY就像一顆不定時炸彈

我去請教獸醫，為什麼LUCKY不能安分下來，隨時都在關心周邊的任何動態？王醫師說得很明白，黃金獵犬就是一種不能安定的犬種，牠太好動了。任何黃金獵犬都是同樣的個性，所以牠不能接受訓練，因為牠的意見比訓練師還要多，現在又不能打罵教育，訓練一條黃金獵犬確實要花費很大的工夫。

後來，我從一本書中對黃金獵犬又有一些認識。原來，黃金獵犬是加拿大的品種。加拿大的狩獵人家喜歡到河邊射鴨子，身邊就跟一條或更多條黃金獵犬，一聲槍響，身邊的獵犬就朝著野鴨的落點游去。黃金獵犬的泳技一流，速度又快，幾下子就會把中彈的野鴨叼回來。主人高興，必然要把早準備妥的小魚餵到牠嘴裡。牠又蹲在主人身邊，等候主人發射第二槍。黃金獵犬天生就是好動的個性，原來最早在加拿大出現。

後來，我們印證黃金獵犬就是愛水，碰上有水的溪流，牠就會沒命的撲上去，有次我們去到一條河邊，LUCKY第一次看到河流，必然是祖先的遺傳，牠就朝著河流奔去，我們拉不住牠，只得由牠去了，但牠在水邊玩了好一陣，也會隨時注意我們的方向，當牠玩夠了，就很疲累的回到我們車旁，全身是水，這是LUCKY第一次和水接觸。

有過這次和水的接觸，對LUCKY也放心了，因為不必把牠扯在身邊。牠如果想跑出去，我們用很大的力量拉住牠，我很累，牠也玩得不爽，多次之後，我確信LUCKY不會離開我們的視線，即使跑得再遠，也會隨時注意我們。也就是說，我們擔心LUCKY跑不見了，而LUCKY也在擔心我們拋棄牠了。互相牽制，心照不宣，好似我們之間都有默契。有了這種默契，我們就時常帶牠到澄清湖的草坪上活動，澄清湖距離我們家不遠，出門前必定少不了礦泉水、糞杓、塑膠袋和餅乾。

去過兩次澄清湖後，LUCKY就能辨認澄清湖的大門了，距離大門還五十公尺，牠就歡喜得在車上跳躍起來，讓牠開心的大草原快到了。

在大草原旁邊就是一碧萬頃的湖水，LUCKY見到水是不能離開了，但是我那口子會教訓牠，告訴牠這裡不能下去，只能在草地上玩，然後帶牠到水龍頭旁邊。扭開龍頭，沖著涼水，LUCKY高興了，又喝水，又沖涼，玩兩個小時，回家了。

繞著環湖便道行駛時，LUCKY看著湖水，很興奮，很激動，不知是不是祖先的傳統血脈又在LUCKY體內產生了作用，牠看到湖內的野鴨嗎？澄清湖內真的有野鴨，但卻不能獵

P字鍊和響片

因為帶著LUCKY出門，很怕牠暴衝，我去請教專門為寵物美容的阿元，有什麼方式可以降低狗狗突來的衝動？阿元畢竟是養狗專家，送了我一條鍊子，他說，出門前把鍊條拉成P字形，套在狗狗的脖子上，在正常情況下，狗狗沒有不舒服的感覺，但是當牠要暴衝時，向前方衝去，脖子的P字鍊就縮緊了，衝得越用力，P字鍊就縮得越緊，狗的脖子會痛，受不了，牠就不敢向前衝了。就是這麼一個簡單的原理，阿元還一再強調，保證有效。

P字鍊在LUCKY身上大概只用了三次就放棄不用了，因為勒得太緊時，LUCKY受不了。那口子心疼的說，這樣會牠勒死的，不行，不能用，阿元胡說，如果LUCKY被勒死了，阿元能負責嗎？

那口子好似對P字鍊也很忌諱，把P字鍊收到陽台上去了。LUCKY看到P字鍊被媽咪收走了，衝著我嘿嘿嘿大笑，心裡一定在想：阿公，以後出門就不用那條鍊子拴我啦。

放棄了P字鍊。

有天我從副刊上看到一篇文章，一位女士寫她訓練狗狗的心得。她介紹現在很流行的一種響片，說日本人很愛用響片來教導狗狗很多動作。我很感興趣，跑去寵物店，不到一百元就買了一副響片。那口子對這種新玩意兒很感興趣，有事沒事就按一下響片，LUCKY的耳朵就豎起來，等候指令。一個星期的重複訓練，牠也學會了三個動作，坐下，趴下，拉拉手。

我那口子信心滿滿，認為以LUCKY的聰明程度，她可教牠十種以上的動作。我倒沒有希望LUCKY學得更多，只要牠在馬路上不會突然暴衝，就是第一名的好狗狗了，但我的那口子說，很難，天性也。

「什麼意思?我不懂。」那口子瞟我一眼說：「狗狗暴衝必定是看到異性同類，暴衝就是牠的一種反應，沒有什麼值得大驚小怪的。」那口子又說：「不會暴衝的狗，一定是身體不健康，或是生病了，無精打采，想暴衝也衝不起來。」沒料到，我那口子也不過幾個月的養狗經驗，談起暴衝的題目倒是侃侃而談，不簡單，佩服。

我有一點疑問，問她：「不健康的狗怎麼就不會暴衝?」那口子有點煩，但回答我：「我問你，當你患了重感冒，發高燒，頭昏腦脹，走路都抬不起腿來，在這個時候，有位漂亮的姑娘從你身邊閃過，你還有精神看她一眼嗎?」真是一語驚醒夢中人，有道理，我明白了，完全明白了。

不過，真的碰上漂亮妹妹，我還是會強打精神，看她一眼。我說。那口子聽後哈哈大笑，說：「你是天生異稟，超人，你啊，你將來就是那種死在花下的風流鬼。」

扯了半天，LUCKY一直蹲在我們中間，眼睛來回轉動，注意我們的談話表情，有時聽得高興，自己就在地板上打個滾，嘴張得老大，嘿嘿嘿，牠在笑我們。真的，LUCKY很會笑，那口子說，LUCKY在半夜裡睡覺時，也會說夢話。

「不可能。我怎麼沒聽過？」

那口子指著躺在地上的LUCKY說：「就是這種姿勢時，牠就喜歡說夢話。顯然這種睡姿最舒服，所以牠會說夢話。」

「牠說些什麼？妳聽得懂嗎？」

「牠一定在說，媽咪，我想吃芭樂，阿公，我想吃蓮霧。反正跟吃有關。牠不是整天就是為了吃嗎？」

LUCKY在滿三個月後，已經可以把家裡的人物定位。譬如叫牠，快把阿公的拖鞋拿來，牠就會把我的拖鞋叼到腳邊，但是拖鞋叼過來後，有時卻又不放下，而是抬起頭來，把拖鞋拋得老高，自得其樂。當牠玩夠了，會把拖鞋放到我腳旁，但整隻拖鞋已沾滿了牠的口水。

黃金獵犬的口水真是恐怖。這也是牠的武器。只要牠有意見，要表達，牠就甩口水，尤其是當主人在吃東西時，牠討不到，也會甩口水表達抗議。

我發現我家的LUCKY隨時都有大量的口水，就跟自來水一樣，取之不盡、用之不竭。雖然牠在表達不滿時甩口水，興奮過度時也會甩口水，有時，我和那口子坐在電腦旁吃水果，LUCKY的一份早就準備好了，但牠吃得快，快快的吃完，再來搶我們的盤內水果，如果搶不到，就用甩口水來表達不滿。我那口子常常為了吃水果，跟LUCKY爭執不休，那口子指責牠，牠就甩妳一盤子口水，沾了口水的水果，看妳還吃不吃？結果是牠勝利了，牠抱著一盤蓮霧吃得過癮。

也正因為黃金獵犬天生就有一副厚嘴唇的長相，所以牠不討導盲犬訓練師的青睞，因為黃金獵犬的厚嘴唇是製造口水的機器。口水多，會弄髒主人的衣物，所以牠就被導盲犬學校阻隔在門外。

我們為LUCKY紮上一條圍巾，擋住牠的口水，有效。剛開始，牠不習慣，三天以後，牠對這條紅色圍巾發生興趣，因為牠知道紮上圍巾就是要出門了，牠最愛出門，我想，牠愛出門的原因，跟我們鄰居的漂亮姐姐有關。鄰居也養了一條黃金獵犬，是母的，年紀比LUCKY大三歲，管牠年紀有多大，反正談戀愛是不受年紀限制的，LUCKY每當要出門時，就會伸著脖子等著紮圍巾，三五次後，紅色圍巾就成了LUCKY出門前的裝飾品，也成了擦拭口水的抹布。如今，我們家裡不再受LUCKY的口水攻擊，同時也成了LUCKY出門的最佳飾物。

每天下午五點鐘前後，是ＬＵＣＫＹ的運動時間。我們家頂樓的陽台很長，面積夠大，足夠狗狗奔跑嬉鬧。時間快到了，ＬＵＣＫＹ先把大小便解決掉，再把糞杓叼在嘴裡，這就是運動前的準備，然後，我那口子拎著一只塑膠袋，出門了。ＬＵＣＫＹ是識途老馬，直奔頂樓，不坐電梯，到了頂樓陽台，ＬＵＣＫＹ就展開了運動，我稱這是「放封時間」，牠在草坪上打滾，跳躍，隨即在樓梯上跑上跑下，一直玩得舌頭吐出來喘息，表示牠累了，夠了，半小時的運動時間結束。除了下雨天，每天如此，從不間斷，成了ＬＵＣＫＹ生活中的一部分。

ＬＵＣＫＹ碰上下雨天，便悶悶不樂，因為今天不能放封了，牠爬到沙發上，望著窗外，看著細雨不停，心想，今天又不能運動了，牠就繞在媽咪身邊磨蹭，很想出去。我那口子說，今天不能出去，外面不是在下雨嗎，淋濕了會感冒，要打針。ＬＵＣＫＹ靜止了，在牠嘴裡塞一塊花生糖，彌補不能運動的遺憾。牠趴在門邊嚼著花生糖，今天的運動時間，也就擋過去了。

再說花了一百元買的響片，玩了一星期，那口子就淘汰了，她說，按太多次會弄得ＬＵＣＫＹ得神經病，因為牠不知是什麼指令，是要拿報紙呢？還是要叼拖鞋呢？又或者是要含起小菜籃呢？……莫衷一是，牠到底聽候什麼指令呢？媽咪說，不行，不行，響片又被她丟上了陽台。

Part2

LUCKY趴趴走

奮起湖之旅

我們經常利用餃子館公休日出外露營。為了滿足露營的愛好，我們把店裡的公休排在連續的日子，也就是每個月連著休息兩天，我們就可以遠行了。

每次出門都沒有帶ＬＵＣＫＹ，因為牠還小，性情不穩定，萬一在荒郊野地跑丟了，後果不堪設想。可是每次外出，必定送ＬＵＣＫＹ到狗旅館，牠很不願意去鐵籠式的狗旅館，每當我們送牠到狗旅館，牠必定要死扯活拉，不想進去，那口子也是不忍心，但是又不敢帶牠遠行，在矛盾又不捨的心情下，只得委屈ＬＵＣＫＹ了。

直到ＬＵＣＫＹ八個月了，我們去問寵物店的阿元，是不是可以帶ＬＵＣＫＹ出去了？阿元說，只要不鬆開鍊條，應該可以出去了。這又是一件大事，ＬＵＣＫＹ要跟我們去露營了！現在回憶起來，真是一件大事，比兒子要上幼稚園還要喜樂和亢奮。

且看我家那口子：先跑寵物店，再去獸醫院，忙碌了大半天，滿戴而歸；大包小包，攤在地板上整理；兩罐狗食肉醬、一包餅乾、一包玩具骨頭、一桶飼料，另外還有一桶礦泉水。望著這桶礦泉水，我有點火了，神經病呵？我老頭子都是喝加油站給的礦泉水，LUCKY還要喝進口的礦泉水，太離譜了吧？那口子也大聲回應我，在野外喝了髒水，拉肚子怎麼辦？你也可以喝這桶水呀，反正LUCKY也喝不完。除了那桶進口礦泉水，還買了一條揹帶，這條揹帶倒是很合我意，因為用鐵鍊拴在LUCKY脖子上，確實不舒服，也該換裝了。揹帶是從前腳套進去，拉到肩上，扣死，不會有一點不舒服的感覺。看著那口子很得意的神情，我想她是相當快樂的。她又打開一個塑膠包，抖出一件黃色的背心，原來這是雨衣，真周到，我也真是心服口服。LUCKY看到那件黃色背心，叼了就跑，跑到陽台上，埋頭在撕扯，我搶過來，送到那口子面前，新雨衣還沒等到下雨，就扯成兩截，那口子狠狠的給了LUCKY一巴掌。

LUCKY每次挨打或挨罵，立即的反應就是跑到我的電腦桌下躲起來，如果聽到媽咪大叫一聲：「你給我出來！」牠還是會垂頭走出去。不過今天，沒有，那口子正在收拾雨衣的殘渣，想辦法修補起來。

我坐在沙發上心中好笑，出去玩就是出去玩嘛，幹嘛要這樣鋪天蓋地的大費周章？那口子把兩小袋從王醫師診所買的成藥，塞進自己的皮包。一包是腸胃藥，一包止癢藥，因為LUCKY的皮膚不好，經常這也癢那也癢，服下兩顆王醫師的藥就能止癢。折騰到半夜，一切就緒了，晚安，大家睡覺。那口子在睡覺前又叮囑LUCKY：明天我們要出去玩，

ＬＵＣＫＹ也一同去，要聽話呵，對陌生人要有禮貌呵。ＬＵＣＫＹ似是而非的似懂非懂，喉嚨裡傳來咕嚕咕嚕的反應，這就表示：ＬＵＣＫＹ知道啦。

一夜好睡。天沒大亮，門板傳出敲打聲，當然是ＬＵＣＫＹ在催我們起床，那口子嗆牠：不要急，不可以敲門。

早餐吃完，準備出發了；我去樓下把公用的手推車推上來，ＬＵＣＫＹ看到手推車，高興得跳起來，牠知道要出發了。那口子為牠打扮，套上紅領巾，揹肩帶，然後再把一個跨肩式的書包，拴在牠背上。一切打點完畢，我們就出發了。

我在露營興致最高的時代，買了一台二手廂型車，我把後面排座椅拔除，改裝成臥鋪，並且在車頂裝了電視，內部還有伸縮餐桌，凡是可以裝備的家具都裝上去了。後面的車門拉開，有很大的空間，正合ＬＵＣＫＹ的體型；在ＬＵＣＫＹ和我們作息空間的中間裝了一塊窗簾，牠有牠的天地，我們也有我們的臥室，那口子還在ＬＵＣＫＹ的小屋內鋪了地毯，冬天的夜間不會受涼。

第一次坐長途車，ＬＵＣＫＹ是懷著絕對的新鮮感，東張西望，忽坐忽立、忽上忽下，興奮得不得了。我和那口子坐在前排，牠就在後面折騰玩耍，但是車子上了高速公路不久，ＬＵＣＫＹ就停止了，趴在車板上不再活動，前腿朝前，抱著頭，就是平時睡覺的姿態，那口子看牠安靜下來，伸手過去摸著牠的頭：ＬＵＣＫＹ呵，太累了吧，睡個覺吧！

話還沒說完，便聽到喉嚨發出一聲怪聲，我踩煞車，靠邊，轉頭看時，ＬＵＣＫＹ吐了，我們急忙在收費站前停車，那口子下車，帶ＬＵＣＫＹ到路邊，惟恐牠繼續嘔吐。我趁機撥了電話給王醫師，向他說明經過。王醫師在電話那頭笑起來：「沒有關係啦，ＬＵＣＫＹ第一回坐長途車，興奮又緊張，這是很正常的暈車現象，喝點水就好了，沒關係。」

王醫師又特別說明，每隻狗狗第一次坐長途車，都有暈車反應，沒有關係啦。

我們的目標是阿里山。

往阿里山的公路左彎右拐，上坡下坡，剛從高速公路下來，又上了九彎十八拐，我的車速盡量放慢，就是擔心ＬＵＣＫＹ受不了。我心裡好笑；帶著ＬＵＣＫＹ出來就跟抱著一個小嬰兒一樣，大人受罪，小嬰兒也不舒服。我轉頭看牠，牠還是趴在車角，我看牠，牠也在看我，或許牠在想：「阿公呵，你要去哪裡呵，這麼久，ＬＵＣＫＹ想下車啦。」

我繼續開車，後面來車都超越前去，後面的駕駛怎麼會料到前面這台蝸牛車上有一隻會暈車的黃金獵犬呵？我有些納悶，黃金獵犬的祖先不是在水塘內抓鴨子的主力嗎？怎麼會暈車呢？在水裡載浮載沉不會頭暈嗎？奇怪，真不懂。

想著想著，行駛了約兩小時，來到奮起湖。這是景點，奮起湖便當挺有名的，我們就下車吃便當吧。ＬＵＣＫＹ也可喘口氣，我們在停車場停車，ＬＵＣＫＹ很有精神的跳下來，又是一個新環境，正巧一列登山小火連通過，呼呼的蒸汽車，給ＬＵＣＫＹ帶來好奇和震驚，牠衝下坡，來到停站的小火車旁，用搖動尾巴表示歡迎和喜悅，不時轉頭望著媽咪，意思在問：這是什麼呵？

正在疑惑與高興交雜的心情中，小火車一聲長鳴，車輪滾動了，LUCKY又是一陣狂喜，一副要暴衝的架式。那口子死命拉著牠，口裡喊著：LUCKY不能去，火車要開了。

LUCKY雖沒上過學校，但對媽咪的口令是言聽計從。牠安靜下來，望著啟動的小火車漸漸遠去，LUCKY突然朝著小火車狂吠兩聲，我想起「犬吠火車」那句話，有意思。

火車已經不見蹤影了，LUCKY還直挺挺的站在月台上，望著遠方的白煙，那是火車冒出來的，牠太好奇了，這究竟是什麼東西？會跑，會叫，還會噴白煙……

我明白牠心裡的疑惑，LUCKY就是一隻聰明又反應特快的黃金獵犬。

一直到小火車冒白煙的景況也消失了，牠才跟著我們朝著月台往坡上走去，奮起湖已經開發成一個阿里山的景點，人工鋪成的台階很陡峭，我們來到一塊平台上，張眼四望。哇，四周都是「奮起湖便當」的招牌，每家都標示著「百年老店」，我們必須挑一家空間寬敞而且窗明几淨的店面，那口子指著一家鋪著地板的便當店，我們就坐了下來。老闆很討人緣，他順手牽過LUCKY，繩套拴在桌子腳上，叫了兩份便當，雖然和市面超商的「火車便當」大同小異，價格倒是高出一倍，其實，也不必大驚小怪，來到景點就得入境隨俗，全世界的景點都是一樣，我們吃著便當，我在想是哪個聰明人就地取材，想出這個「奮起湖便當」的招牌，不但打響了便當，也開發出奮起湖這個景點。很多年前，去阿里山的遊客，就是一路到底，直抵阿里山，沒有考證，在何年何月，在阿里山冒出來一個景點——奮起湖；又冒出來一個奮起湖便當？不管怎麼回事，我認為自從超商推出「奮起湖便當」，奮起湖就開始名揚四海了。這是我的記憶。

我在吃著便當時，LUCKY趴在地板上不動。那口子送給牠半個滷蛋，牠只是用鼻尖接觸了一下，沒有動作，在家裡如果遇到水煮蛋，LUCKY可以吃兩粒，但是今天卻沒有胃口，全身趴著，好似有些不爽。那口子說，別理牠，可能還在暈車吧！我說，牠在想小火車。

便當店的老闆似乎很喜歡LUCKY，攏過來摸摸牠，又拿過一個芭樂，送到LUCKY的嘴邊，牠不理，只是搖動一會尾巴，老闆很高興，牠在謝謝呵，有教養呵。

那口子很得意，摸摸LUCKY的大耳朵。

老闆嘆了一口氣，說：這麼可愛的黃金狗狗，竟然也有人捨得拋棄呵！他說了一段故事……

奮起湖的夜半哭聲

有天中午，來了三個客人，還有一隻黃金獵犬。在他店內吃便當後，在結帳時，對他說，這隻黃金獵犬打算留在奮起湖，不想帶回去了。他問對方，這麼好的狗怎麼捨得拋棄？對方說，吃得太多，養不起。

便當店老闆覺得這句理由不成理由，一定是玩膩了，不想養了，因為黃金獵犬吃得再多，一天也不會超過半斤米，怎麼說是養不起？一定不想養了，就用養不起作為理由。店老闆說，很多飼主都是這種心態，喜歡狗狗時，整天抱在手裡；不喜歡了，就任意棄養，真是太狠心了。

三個客人付了便當錢，走出門去，那隻黃金獵犬哪裡曉得自己的命運，牠將成為被拋棄的狗狗，牠還緊緊跟在主人後面，沿著階梯往小路上走去，店老闆望著這幾個人背影，狗狗好似很興奮，跑得很快，但牠又怎知自己的命運即將改變，牠將被遺棄在這個荒郊野地。

三個客人是開著一輛休旅車來的，上到小路的停車場後，很快就上了休旅車，那條黃金獵犬原本是坐在後車廂，只要主人拉開行李廂蓋，牠就會跳上車，牠早就習慣了，顯然主人平時外出時，牠就坐在後座。但今天變了，便當店的老闆一直緊盯著這三個人的動作，他們上了車，關上門，狗狗圍著車繞圈子，一副很緊張的樣子，牠吠著，牠必定在說：「我要上車，我要上車，開門啊。」

一陣加油聲，休旅車急駛而去，黃金獵犬跟著車後頭跑著，死命的跑著，死命追著車子。車子不停，車窗關著，狗狗一定很急、一定很慌亂、一定很害怕，也許牠還在想，主人為什麼不要我了？我一直很乖呀，我已經不再咬拖鞋了。

那輛休旅車穿出了小路，就上了阿里山公路，下坡路段，不見了。

狗狗不再追了。牠累了，氣喘得很急速，便當店老闆跑到小路上，看到震人心肺的這一幕，很難過，他攏上去，拍拍狗狗的脖子，狗狗搖著尾巴，但是沒有跟他進入便當店。牠一直望著小路的盡頭，牠想主人，「主人為什麼不要我了？」牠垂著頭，心裡一定很難過。

不知道狗狗會不會哭？牠必定在哭。

店老闆忙著自己的生意，忙了一個下午。天黑了，他想起黃金獵犬，沿著階梯走上去，他發現那頭黃金獵犬趴在主人曾經停車的停車格內。店老闆很感動，走上去拍拍牠的背部，牠仰起頭來，似曾相識，搖起牠的尾巴，舔著店老闆的手臂，店老闆又摸摸牠，想拉回到店裡，牠不動，就是不動。「我了解啦，牠在等牠的主人。可憐哦。」店老闆說。

當店內將要打烊時，店老闆拿著一個便當走上去，果然見到黃金獵犬還趴在停車格內，店老闆把便當放在地上，拍拍牠，牠搖著尾巴，但沒有吃便當。「真是一條有情有義的狗，牠在等主人，為什麼牠的主人要拋棄牠？我可以收留牠，但是牠不跟我。」老闆說。

入夜，山區很冷，而且也有野狗，店老闆很擔心那頭黃金獵犬會受凍，但是想到牠身上裹著很厚的皮毛，也就放心了。可是想起山區的野狗可能會欺負牠，又有點不放心。他出門看看，來到停車場，只見黃金獵犬依然趴在地上，只是身子蜷起，也許是很冷吧。

黃金獵犬見到店老闆，仰起頭，發出嗚嗚的叫聲，「真的很像在哭，可憐啊。」那個便當還在原地，沒有動過。

第二天、第三天過去了。便當店的老闆每天固定去停車場兩次，早晨一次，傍晚一次，每次帶一個便當。但是黃金獵犬只是望一眼，不吃。第二天，店老闆帶來一個盆子，裡面裝著水，狗狗喝了兩口，又倒在路邊，無精打采的樣子。老闆心裡也急，這樣下去拖不了三天，一定會死在這裡。店老闆心想，即使不會餓死，也會被野狗咬死。

「沒見過這麼死忠的狗。」店老闆對我說，黃金獵犬怎麼這麼忠心？真想不到。又過了一天，奮起湖下雨了，店老闆想到黃金獵犬，跑到停車場，牠還在那兒。牠已經認識店老闆了，老闆拍拍牠的脖子，說：快下雨了，你不能待在這裡，打雷，很危險，跟我走吧，到我的店裡，等雨停了，你再回來。

說著，店老闆拉起黃金獵犬的套圈，牠很勉強的站起來，跟著老闆走下台階。

到了店裡，狗狗張望四周，對任何東西都很好奇，老闆把一碗飯端到牠面前，牠不吃，喝了幾口水，又垂下頭。

店老闆覺得這條黃金獵犬太通人性，心想這麼好的狗，主人怎麼捨得不要牠？想著，店老闆動了惻隱之心，決定留下黃金獵犬。

留下牠的第一要務就是設法要牠吃飯。店老闆對牠說，如果你的主人不回來，你就住在這裡，我們都愛你，你可以在各地遊走，很好玩咧。黃金獵犬望著店老闆，似懂非懂，擺動著尾巴。

「你一定要吃飯，等過幾天，我帶你到各地走走，你一定會很喜歡。」

牠還是擺動著尾巴，舌頭吐出來，好像有點開心了。

雨停了，牠又回到停車場，繼續趴在那裡。看著黃金獵犬順著台階往上爬的動作，很吃力，幾天沒吃飯了，店老闆也很難過，店老闆打算再觀察幾天，如果還不見好轉，他就打算用強迫式的牽牠回家。

又是周末假日，這天天氣很好。牠依然趴在停車場，停車場的管理員也認得牠了，但不明白牠的來歷。上午九點以後，停車場忙碌起來，各地遊客湧向奮起湖。

在各型車輛中，出現一輛黑色休旅車，從車牌號碼可以辨識出是北部來的車子。這輛車在倒車入格時，趴在另一邊的黃金獵犬突然跳了起來，儘管牠的動作顯得很吃力，但牠是興奮的、快樂的，原來，原來，原來是牠的主人來了。

牠又見到希望，牠當然興奮。日日夜夜，思念的主人回來了。

牠拉高嗓門叫著，從車上跳下來的小主人抱著牠，牠舔著小主人的面頰，牠又回到一周前的生活圈。一周來的折磨早已忘了。但牠走路時，似是搖搖晃晃，飢餓把牠整慘了。

聽到黃金獵犬的狂吠，賣便當的老闆趕到停車場，見到曾在他店內吃過便當的客人，忍不住埋怨幾句：這麼好的狗，你們也忍心拋棄？牠已經一星期沒吃飯，只喝水。我餵牠，牠也不吃。可憐啊。

「阿桑，回家了，我們再也不離開你了。」小主人抱著阿桑的脖子。男女主人都沒說話，只是向便當店老闆道謝，女主人一直望著阿桑，或許內心有著無限的歉疚。

回家吧，該回家了。

便當店老闆摸著阿桑的脖子，拍拍牠的背，說：阿桑回家了。阿桑舔著店老闆的手臂，望著老闆，喉嚨內傳出吱吱的聲音，牠在向店老闆道謝，捨不得，但我還是要回家。

店老闆向我描述這段時，眼內閃著淚光。「沒見過這麼聰明的黃金獵犬，太聰明，太通人性了。」

黑色休旅車發動了，行李廂打開，牠熟練的想跳上去，但是跳不上，餓壞了，沒力氣。店老闆趕過去抱牠，牠又猛舔老闆，老闆拍拍牠的頭，沒說什麼，哭了。狗狗望著老闆，吱吱的叫著，大概也在哭泣，捨不得老闆。拉下車門，休旅車開走了。留下一道煙塵。

便當店老闆說，在他的記憶中，有四五條大狗被主人遺棄在奮起湖山區，有黃金獵犬，也有拉不拉多，但都沒有像阿桑又被接回去的，阿桑算是幸運的，也是最聰明的。

當你把牠當寵物時，你就把牠抱在懷裡，當你玩膩了，就把牠拋棄在深山野外，你何其殘酷？你連阿桑都不如。

重返奮起湖

我們又要重返奮起湖，不是為了吃奮起湖的便當，而是去看看散在山間野地的流浪狗。不是有黃金獵犬嗎？還有拉不拉多，都是不太會照料自己的寵物。我想看看牠們是怎麼活下去的。

早起，大約九點鐘出發。

ＬＵＣＫＹ只要出門就很興奮，當揹在背上的套帶拴好後，牠就知道要出發了。那口子對牠說，快去把糞杓叼過來，這就代表即將出發。只見牠又蹦又跳的跳到陽台上，把牠的標準配備糞杓，叼在嘴裡，等在門口。我們拉開房門，牠就奔了出去，直奔電梯，牠最興奮的一天又開始了。

拉開車門，牠知道自己的位子。只要那口子在車上，牠就退到第二排，然後，前腳搭在前面的椅背上。也就是說，牠雖在第二排，但是視野沒有妨礙，和我們的距離沒有拉遠，依然是三位一體，這樣牠才安心。有時我那口子看牠很累，說：LUCKY，你就在後面躺下來，這樣趴著不是很累嗎？

牠很明白，躺了下去。

我曾為牠算過時間，頂多不超過三分鐘，又爬起來了，又搭在前座的椅背上。為什麼這樣？我有研究，牠是不放心，不放心有兩大主題：一是怕我下車，忘了牠的存在；二是提防我們偷吃東西。

那口子又說：LUCKY呀，你怎麼又起來了，還沒到我們要去的地方，我們不會忘記你的，放心啦。LUCKY轉動牠的眼珠子，挺滑稽的模樣，聽了媽咪的話，牠就把視線落在車前儀表板下的置物箱上，置物箱內有一包花生糖，目不轉睛的盯著花生糖，媽咪明白了，說：「我就知道你不放心這包花生糖！」媽咪摸出一塊，塞到牠的嘴裡，又說，只能吃一塊喔，糖吃多了，將來年紀大了會得糖尿病。

LUCKY也不懂什麼是糖尿病，反而有點意猶未盡的樣子。眼睛沒離開花生糖。媽咪不理牠，牠又把前爪搭上媽咪的手臂，牠的意思就是「再來一塊嘛」。

我那口子不理牠，說不理就不理，這就是教育，不能對牠百依百順。我那口子時常衝著我說，你就是太寵牠，所以牠不甩你，在我們家裡，你知道嗎？LUCKY根本沒把你放在眼裡，所以牠把你的皮鞋當玩具，把你的菸斗也叼在嘴裡，好啦，你們兩個合抽一根菸斗吧？

車速很正常，只要不是例假日，在高速公路開車，真的很開心。ＬＵＣＫＹ磨蹭了幾下，花生糖是吃不到了，也就放棄了這個願望。從高速公路上下交流道，路邊有多家掛著「嘉義火雞肉飯」的招牌，也該吃午飯了。我們就挑了一家小店，我那口子還沒吃過火雞肉飯。很新鮮，又點了一碗魚湯，很好吃，ＬＵＣＫＹ對於這間店沒啥興趣，趴在桌子底下，也不理我們，我對那口子說，ＬＵＣＫＹ一定還在想花生糖。「別理牠，等會到了奮起湖給牠吃便當。」

我們快吃完了，趴在桌子底下的ＬＵＣＫＹ有了動作，爬到桌子外邊，前爪搭在媽咪的腿上，輕輕的抓弄著，意思是：你們在吃什麼？我也要。

那口子夾了一塊火雞肉，放在牠的碗裡，牠嗅了一陣，沒吃過火雞肉，很陌生的味道，但是牠看到我們吃得津津有味，試探著嘗了一塊，翻眼望著我，嗯，很好吃咧，然後，前爪搭到我的腿上，抓著，牠抓我的力道大很多，不像抓媽咪那樣輕輕的，每次被牠抓過，都會留下一道道軌跡。我那口子就說，這就是寵牠的報應呀。

我明白牠的意思，火雞肉合牠胃口，再要一份。老闆切的火雞肉，沒有鹽，是蘸了佐料吃的，所以給ＬＵＣＫＹ的一份就不需要蘸配料了，清淡火雞肉正合牠的口味。

這餐火雞大餐吃了二百五十元，臨出店時，那口子又切了一份火雞肉，我說，你還沒吃夠嗎？

那口子說，這是ＬＵＣＫＹ的晚餐。那口子平時對ＬＵＣＫＹ管教甚嚴，但對牠是呵護備至的。

我在阿里山的路上行進時，偶爾望著ＬＵＣＫＹ，就會想起流落山區的黃金獵犬和拉不拉多，這麼可愛的狗狗。怎麼碰上這等沒有人情味的主人？

我們又來那間百年老字號的便當店，老闆看到ＬＵＣＫＹ，雖是一面之緣，但牠卻朝著老闆搖動著大尾巴，老闆很高興，說，黃金獵犬就是聰明，就是討人喜歡，

怎麼會有人捨得呵。我們又提起那幾條流落奮起湖的名狗，老闆說，很久沒看到了，也許各自尋找落腳的地方去了吧。

老闆是位愛護動物的善心人，他每天都把客人留下的便當收集在一只盆內，放在門口，任由流浪狗來充飢，如果同時來了兩三隻流浪狗，他就分成多份，各吃各的，不許打架，流浪狗也很自愛，或許有著同是天涯流浪狗的感覺，不爭食，不打架，吃完，搖著尾巴就走了。

夜裡，牠們睡在荒郊野地，冷熱無常，爬蟲走獸，牠們又是怎麼度過的？老闆說，偶爾在半夜也會傳來流浪狗的叫聲，哀鳴。

奮起湖的狗狗又在哭泣了。

阿里山的黑金剛

我們又要出發了，目標阿里山。一趟比較長途的旅行。

每次要出外旅行，因為前一晚必定要做些準備，譬如我開始在夜明照間燈上充電，我要把提籃清洗一遍。這些舉動都會引起LUCKY的注意，牠明白阿公又要出去玩了。

第二天一大早，LUCKY必定及早叫醒我，因為吃早飯，泡茶都是我的差事。我在做準備工作時，牠就在旁跳躍，表示興奮。雖然我們去過奮起湖，但是就是沒有抵達阿里山，奮起湖距離阿里山還有一段路。今天要去阿里山，又是一次新的嘗試。

頭兩天已從網路上找到一個適合露營的景點，大凍山。

午後兩點左右來到大凍山，相當寧靜，背後就是大凍山，林務局做過刻意的開發，開闢了人行登山步道，直達山頂，雖然時值八月間，但是來到露營點的氣溫卻是攝氏二十三度，太涼爽了。

我們不需搭帳棚，因為廂型車內就可以睡覺，ＬＵＣＫＹ就睡在車廂後側，那是牠的小臥室，牠已習慣，反正到晚間，只要拉開後車廂門，牠就會跳上去，趴在地毯上睡覺。

營地主人也就是當地農戶，種植了很多水果和高冷蔬菜，而且養了很多跑山雞，想起我每天在哈囉市場買雞，都說是跑山雞，但是比起產地來說，大凍山的跑山雞才是道地的跑山雞。主人說，早晨就放雞出圍籬，整天都在山間跑動尋食，晚間才回到籬內，一天只需餵一頓早食，白天就在山區自找食物，所以他們的跑山雞都是結實有力，真正的阿里山跑山雞。

我們請主人宰殺一隻，半隻燉湯，半隻白切，一雞兩吃，再炒一盤就地摘取的高麗菜，這頓晚餐太美了。

天黑了，農舍前有盞路燈，但是月亮很大，氣候又是有點涼意，確實很舒服，我在喝著小酒時，那口子帶著ＬＵＣＫＹ出門散步，一小時後，我也來到空地上，只見ＬＵＣＫＹ正在埋頭注意一堆黑泥，走到近前，原來是一隻黑金剛癩蛤蟆，體型很壯碩，ＬＵＣＫＹ從沒見過黑金剛癩蛤蟆，有點怕，但又很好奇，嘴裡一直在嗚嗚叫著，癩蛤蟆每次向前跳動一步，ＬＵＣＫＹ就嚇得大叫一聲，而且往後退，那種驚奇又喜歡的動作，逗得我們哈哈大笑。

山區裡什麼昆蟲都有，還有會飛的蛾，也讓ＬＵＣＫＹ驚艷不已，但牠對癩蛤蟆特別有興趣，媽咪不許牠靠近，因為癩蛤蟆會噴一種毒液，沾到身上會感染皮膚病，那可不是開玩笑的，每當癩蛤蟆向前跳動時，媽咪就用手杖擋住ＬＵＣＫＹ，不許牠去撥弄。

在空曠的山區散步，也是一大享受，但是氣溫下降，越是夜深，越是有些涼意，甚至感到冷冷的，原本打算睡在車上，農舍女主人很有人情味，她撥出一間空屋，讓我們睡在屋內，她說，半夜太冷，還是睡在屋內舒服，她又補充一句：不必計較房價，付點清潔費就好啦。

房間不是很大，但容納二人一狗，還有活動空間，那口子指著地板對ＬＵＣＫＹ說，這是ＬＵＣＫＹ睡覺的地方，大家睡覺吧。一覺醒來，ＬＵＣＫＹ要尿尿，一直嗚嗚的叫著，我帶牠到外面空地上，放開脖子的繩套，牠又開放性的奔跑，一邊跑一邊在草堆中尋找，必定是在找昨夜的黑金剛癩蛤蟆，但不見了，牠站在我身邊，望著我，等候答案。我也不知如何回應，我們回去吃早餐了。

早餐吃完，那口子愛登山，帶著ＬＵＣＫＹ去爬大凍山，林務局開發了一條人行便道，順著台階向上爬，倒也不吃力，但我只登了一半，便不再奉陪了，那口子和ＬＵＣＫＹ繼續向上走，我在折返的登山步道上，放眼四望，真是心曠神怡，不僅空氣清新，而且景觀很好，心想；這是一個可以再來的露營場地。

從山上下來的路途，ＬＵＣＫＹ的注意力一直在窗外，我明白，牠在想念黑金剛，怎麼不見了？

黑金剛，再見呵。

走，我們去看海！

轉眼，入冬了。

春節假期的安排，在趙老大家中是件大事，雖然全家只有兩個大活人加一條大活狗，但是假期行程安排不是一句話就可以敲定的，而必須細心考證再考證，溝通再溝通，為什麼有這麼多的繁文縟節？答案是，避免中途吵嘴。老實說，哪次出去露營，沒有吵過嘴？儘管床頭吵，床尾和，但也會破壞氣氛，為什麼不在出發前規劃周密呢？對啦，這就是春節假期要很慎重其事的安排思考的原因。

兩個大活人加一條大活狗，發言的就是兩個大活人，ＬＵＣＫＹ雖然沒有發言權，但牠會察言觀色，當牠發覺媽咪在大聲疾呼的對著我指指點點時，牠就會朝著我大喊大叫，狗仗人勢的氣焰在我們家一覽無遺。意思很明顯，牠是支持媽咪一邊的，你看多現實，少數服從多數，我又輸了，我只好跟著這個團隊出發了。

這次出門少說要五天，所以準備得萬分周全，包括油鹽柴米一樣不能缺，就連ＬＵＣＫＹ的被墊也上了行李箱。

我們出發那天是農曆正月初八，上班族已經開始上班，所以沿途車輛不多，我們走南迴，通過楓港後，經過太麻里、就要進入台東了。這條公路走過很多次，每次都會在太麻里休息，太麻里的小街上有多家海產店，每回路過都會挑選其中一家吃午飯，鮮魚湯、炒青菜，再加一盤炒花枝，花費不多，也很新鮮。ＬＵＣＫＹ趴在桌子底下，昏昏欲睡，每次長途開車，牠都會暈車。我們吃飽了，牠也睡醒了，繼續趕路。

離開台東市區後，跨上往花蓮的山線，今晚預定在鹿野露營。鹿野是個農村氣息很重的村莊，沿途種植了很多鳳梨。每次經過農莊野外，總會有種精神一振的感覺，很舒服，很自在，我禁不住唱起歌來。坐在椅背後面的ＬＵＣＫＹ也跟著嗯嗯的哼起來，那口子對牠說：阿公唱得難聽，吵死人了。ＬＵＣＫＹ嘴裡還在嗯嗯的叫著，想必也是心情亢奮吧？

午後四點多，看到鹿野的路標，穿過一座水泥橋，進入鹿野小街，去年我們曾在鹿野的一個民間溫泉露營區停留，但是我們經過小街時，又發現一處當地農會的溫泉小木屋，深入了解，佔地空曠，湯池也大，尤其可喜的是，竟然還有一塊很大的草坪，就是給露營同好使用的。收費只要五百元，照明設備也很齊全，一見心動，就這樣住下來了。

安排妥當後，泡湯，測試數位電視的收視效果，很失望，沒有訊號，晚間只能看ＤＶＤ來打發寂寞了。我們每次外出，到達一個營區後，必定先測試收視訊號，沒有訊號的山區，只有看電視名片。我總覺得在荒郊野地，喝杯小酒，看看名片，也是一種享受。這時，我那口子也會喝杯紅酒，我們在家沒有這種情調，只有在星星月亮的天空下，一股瀟灑放開的感覺，才會油然而生，每當我們靠在躺椅上，看著小螢幕上的畫面時，ＬＵＣＫＹ就會趴在椅旁，似乎也在等候媽咪的發落。譬如一塊無鹽的骨頭，一片無鹽的雞肉，都是牠的喜好，一直玩到午夜，才進入車內睡覺。

今晚很傷腦筋，因為露營區內沒有遮雨棚，萬一夜裡下起雨來，ＬＵＣＫＹ必定受苦，我們只好掀起後車門，形成一個遮雨蓋，那口子把ＬＵＣＫＹ拉到後座，叫牠趴下，對牠說：「今晚你就睡在這裡，不能下去喔。媽咪和阿公就在前面，你可以看得見，你可以睡覺了。不可以在車裡便便喔。」

ＬＵＣＫＹ真是一條聰明的狗，我們說的話，即使牠不完全聽懂，但卻能揣摩意思，起碼牠是不會在車內便便的。牠能憋，可以憋一整個晚上，天亮後再下車解決。

一夜沒有下雨，但露水很大，幸好事先做了安排，否則ＬＵＣＫＹ必定被露水淋得很慘。我起床後，ＬＵＣＫＹ開始哼哼吱吱，牠要小便，再也憋不住了。解決了狗狗的問題，我又開始準備我們的早餐，烤麵包、泡咖啡、煎蛋、醬瓜、豆乳一應俱全，這是一頓很中西合璧的早餐。再加上一碗狗狗的飼料豆豆，大大小小都打理完畢了。

臨走前，還要再泡個溫泉浴，不泡一下似乎沒有值回票價，不泡白不泡，泡吧。

泡到十點多，出發了，朝著花蓮前進。我們從山線轉入海線，看到太平洋，見到最漂亮的東海岸，來台灣三十多年，還沒見過漂亮的海岸線，這趟春節之旅真是太值得了。

喬媽的山莊

從台東轉入花蓮已經是午後了。

花蓮有一塊很長的海岸沙灘——七星潭，來到花蓮必定要到這邊海岸走走。人生地不熟，四處問路，繞來繞去，總算繞到七星潭海岸線上。哇，真的很遼闊，一望無際，雖然是年初八，但是遊客依然擁擠，為了尋求一個停車位，就耗費了很多時間，那口子不耐煩了，丟下一句：「你去找停車位，我帶LUCKY到海邊走走。」我也明白，LUCKY早就耐不住了，嗯嗯吱吱，心裡一定在想：阿公怎麼不停車呵？

媽咪拉開車門，LUCKY立刻跳下，跟著媽咪身邊走了，不一會就消失在人群中。我又繞了一陣，一輛休旅車開走了，我立刻擠進去。等我在人堆中搜尋那口子時，不見了，可能和LUCKY玩得正爽哩。

從停車位到海邊有一段距離，而且要步行很長的台階，我不想走了，坐在台階看海。我終於在人群中發現了ＬＵＣＫＹ，我扯著喉嚨叫牠，必然是聽不到，即使聽到，也不會理我，因為牠正在撥弄海邊的小石頭，那口子已經把ＬＵＣＫＹ的繩解開了，讓牠自由自在奔跑。但我看得很清楚，每當ＬＵＣＫＹ跑一段，必定抬頭張望，尋找媽咪的方向。或許牠心裡明白，如果找不到媽咪怎麼辦？晚上睡哪裡呵？

那口子在海邊和一位婦人閒聊，聊了很久，我以為在陌生的海邊碰上了老友，才會這樣沒完沒了的聊。ＬＵＣＫＹ已經回到媽咪身旁，或許口渴了，也可能是想到阿公，怎麼阿公不下來呢？我正坐在休閒石椅上觀海呢。

天色也近黃昏了，人和狗都回來了。原來，那口子遇到一位愛狗的同好，那位太太的家中養了兩條拉不拉多，她們就從拉不拉多談到黃金獵犬，又扯到每條狗的脾氣，越談越入神，到了欲罷不能的境界。每當那位太太誇獎ＬＵＣＫＹ時，那口子就很得意，站在旁邊的ＬＵＣＫＹ也會張著大嘴嘿嘿嘿。原來，牠口渴了，要喝水啦。

駛離海岸線，我開始尋找今夜的露營場地，那口子把一張剛才聊天的太太交給她的宣傳品攤開來，指著上面說，這個白陽山莊可以電話聯絡。我停車查看，果然是個很大的庭院，而且特別標明可以人狗同住。太好了，真是會動腦筋，為養狗人家帶來很大的方便。我試撥電話過去，但回應是，已經客滿了，明天才有退房。

切斷電話後，隔了幾分鐘，我又撥過去，我告訴對方，只要有停車位置就可以了，不需要房間，因為我們是車床族。一切ＯＫ了。

位置在吉安鄉，地址很詳盡，但在我們面前卻摸不清方向，一路走，一路問，摸索了二十多分鐘，天將黑時，看到白陽山莊的指標。

哇，好大一個庭院，角落有個兩層式建築，原來莊主是位雙目失明的中年婦人喬媽。她和她的丈夫、兒子很客氣的站在建物門口接待我們，我發現在庭院入口的位置有個很大的停車格，足足可停五六輛車，我對喬媽說，允許我們就停在那個空間好嗎？喬媽和她兒子說，如果你們喜歡就可以。

我已經倒車入內，空間很大，足夠我們活動，ＬＵＣＫＹ也不會被雨淋到，那口子也很滿意。就這樣搞定了。

ＬＵＣＫＹ從車上跳下來，四處搜尋，高興得很，原來喬媽有一隻導盲犬，拉不拉多。畢業受過訓練，只是跟在喬媽身邊，後來喬媽知道我們的ＬＵＣＫＹ是黃金獵犬，伸手摸摸牠的頭，誇讚的問，受過訓練嗎？那口子答：在家裡訓練。喬媽又摸著ＬＵＣＫＹ的脖子，說：有家教喔，很聽話喔。那口子聽了很高興，一副「有子萬事足」的神色。

一切安頓妥當，喬媽的兒子向我們介紹，白陽山莊已建造了三年多，除了接待來花蓮度假的客人，也歡迎有寵物的家庭，他指著停車格後面一排平房說，有寵物的家庭住在平房內，每個房間有狗狗的隔間，另外也有狗狗洗澡的平台，冷熱水全天供應。每天收費一千六百元，供應早餐。因為我們沒能擠入房間，只收三百元，也有早餐供應。算是很合理的收費標準。

喬媽說，來花蓮的遊客，都是住三天，白天出去登山或是到太魯閣，傍晚回來。因為狗狗可以同行，人狗同歡，所以春節期間都在早一個月就已訂房。雖然我們到達時，春節已經結束，但是寒假還沒結束，所以還是有人陸續入住。也有很多退休人員，帶著寵物來到山莊，一住就是三五天，因為走出山莊就是好山好水，確實令人留連忘返。

第二天一大早，我們還沒起來，ＬＵＣＫＹ已經不耐煩了，嗯嗯吱吱的叫著，意思就是：要尿尿啦，起來啦。我解開牠的繩套，牠就飆出車門，朝著庭院大草坪奔去，這時也有幾家客人在地上聊天，自己的寵物任由牠們玩耍，大家的愛好相同，不必介紹也就成了初相識的朋友。

庭院外面就是一條小路，很乾淨，走沒多遠就是一條河溝，山泉水由遠方引來，打擊著岩石，發出嘩啦嘩啦的聲響，ＬＵＣＫＹ看得出神，巴不得跳下去戲水。看牠那副急著下水的樣子，我想起黃金獵犬的老祖先就是愛水的動物，我又想起加拿大人帶著黃金獵犬出外射野鴨的故事。獵人射中野鴨後，身旁的黃金獵犬就撲到水中，游到獵物旁邊，叼回野鴨向主人交差。

我用勁的拉住ＬＵＣＫＹ，帶牠回到庭院，那口子也起床了，好幾個家庭都坐在草坪四周聊天，大談養狗經，現在在草坪上有三隻黃金獵犬，一隻拉不拉多，還有幾隻玩具狗，大家玩得高興，喬媽也出來了，她的導盲犬叫ＰＯＬＯ，在喬媽家裡已經工作三年，也快十歲了，按規定已經到退役年紀，喬媽提到POLO的退休就有些捨不得，她說，她會想盡辦法把POLO留在身邊，即使不再做導盲工作，她也希望POLO在她家度過退休生活。

大夥在庭院聊得很愉快，有的開著車子去風景區遊覽，有的則在附近登山，我們因為要走中橫公路，打算轉往日月潭，所以停留到中午時分就啟程了。

對於喬媽的白陽山莊留下極好的印象，但願明年春節再來。

我們走過太多的風景區，經常因為找不到人狗同住的民宿而不得不把LUCKY留在高雄。留在高雄就是寄養在狗旅館中，我們也曾參觀過多家狗旅館，就是一個鐵籠，吃喝拉撒統統在鐵籠內解決，一天一夜三百元。那口子參觀狗旅館後，寧願不出外旅行，也不願把LUCKY放在那家狗旅館受虐待。我們也在高雄找到一家動物醫院，附設了狗旅館，空間較大，也有活動時間，但是一天一夜卻要六百元，未免也太貴了吧？

我們改裝了休旅車後，後面留出空間就是LUCKY的房間，雖然稍稍擠些，但牠能接受，蜷著身體就睡著了。我們住在喬媽的白陽山莊，心想如果經營民宿的商家能夠把設計空間放大，想到寵物家庭的心態，或許更能接到較多的訂房電話，因為多數家庭在多天外出的旅程中，最放心不下的，就是住在狗旅館中的寵物，LUCKY已經跟著我們在外面露營三年多了，反正，兩個大活人加一條大活狗，是分不開的。

ＬＵＣＫＹ在太魯閣高歌一曲！

離開了白陽山莊，離開了花蓮。

通過太魯閣，我們在一個可以停車的位置停下來，休息片刻，因為要翻越合歡山了，路途遙遠，我們打算今天走完合歡山，或許去武陵農場露營。又是一片有山有水的景觀，鬼斧神工，令人嘆為觀止。

ＬＵＣＫＹ又興奮起來了。牠從沒見過這種環境，高山峻嶺，山谷下又有一條溪流通過，這個地方比家裡的陽台要壯觀多了，牠突然伸長了脖子，大叫起來，而且在「汪汪」之後，還留了一點餘音，從喉嚨裡發出，很特別。ＬＵＣＫＹ的叫聲碰到遠方的山谷，有回音，傳入牠的耳朵，牠也覺得奇怪，於是連續叫了好幾聲，那口子拍著牠的背，問牠：「ＬＵＣＫＹ很高興喔？」ＬＵＣＫＹ使勁的擺動大尾巴，高興，真高興。

我說：ＬＵＣＫＹ有唱歌的天分，將來真的可以上電視表演，有錢賺哩。

我們在這塊空地上玩了一會，LUCKY或許是唱歌的關係，口渴，喝了不少水，又上車了。我們朝著大禹嶺行進。原本很想去武陵農場，但看到路標指示，還有五十二公里，而且氣溫一直在下降，只好放棄這個計劃，還是去埔里吧。

過了合歡山，山澗還有未化的雪堆，今年入冬後，合歡山下了好幾場雪，樂透了賞雪人。我們沒有停留，直向埔里加油。

這一路上，我不時就會想起POLO，引起我思念的原因，除了牠挺直的體型，最主要的就是牠對主人的那番忠心。POLO那種二十四小時待命的精神，以及處處替主人著想的心態，我想任何人都會喜歡POLO，而且佩服POLO。

因為見到POLO的工作態度，我和那口子對身邊的LUCKY也就更加疼愛，每回看到LUCKY在我身旁走動探視的時候，我會覺得很窩心。我猜牠是一條很關心老人的黃金獵犬，牠從我的動作、表情以及聲音，必定辨別出我是一個老人，雖然LUCKY沒有受過訓練，但牠卻有著黃金獵犬天賦的資質，牠懂得注意老人的安全。譬如，整個上午，我都在電腦桌旁寫稿，那口子在店裡照料生意，整個家只有我和LUCKY，靜靜的，LUCKY有時趴在沙發上，觀看大街上的動態，有時看水缸裡的魚，每隔一段時間，牠就會來到我的電腦房，看看我的狀況，站在門口，看一會就離開了；有時，我睏了，雙腳架在矮凳上，小睡片刻，正巧LUCKY走過來，牠站在門外再觀察一會，如果我沒有活動，牠就走進來，開始嗅我的身體，如果，我還沒反應，牠就咬我的短褲，再沒有反應的話，牠便很急，開始汪汪叫兩聲。我明白牠的意思，LUCKY可能以為阿公死了，雖然牠沒有死亡的概念，但牠明白阿公不動了，一定出了問題，所以向門外求救。

叫了兩聲，我睜開眼睛，摸摸牠，拍拍牠的肩膀，牠又搖起大尾巴，嘿嘿嘿，笑了，而且咬我的腳後跟。牠的意思是，阿公，你在和LUCKY玩喔？

有一回，我們去知本溫泉露營，我在游泳，那口子牽著LUCKY在溫泉旁邊散步，在溫泉池附近有一個鐵籠，裡面養了幾隻兔子，LUCKY從沒見過兔子，好奇心引發牠的暴衝動作。那口子被牠的暴衝拖倒了，躺在地上，游泳池的救生員趕來了解，扶起那口子，而LUCKY則是趴在媽咪的身邊，不敢動彈，望著媽咪，一直舔媽咪的臉和胳臂。稍稍休息，也就沒事了，LUCKY垂著頭跟著媽咪回到營地。那晚，牠不活動，也不吃飯，那口子很感動，摸著牠的下巴，對牠說：「媽咪沒有痛了，以後出去要乖，不能跑，記住喔。」從此以後，LUCKY跟著媽咪出去，尤其過紅綠燈時，牠會隨著媽咪的步子停下來等候。這就是隨著暴衝學來的教訓。

從POLO和LUCKY的身上我得到一個感想，很多人真的比不上狗，譬如忠誠度，很多人就不能和POLO比，談到認錯的心態，很多人就沒有LUCKY的反應，很多人在不得已的情況下，或許會向社會道歉，但在道歉之後又補上一口：我只是向社會大眾道歉，並不是向被我打破頭的委員道歉，這不是多此一舉嗎？這不是錯上加錯嗎？這不就是不知羞恥再加一級嗎？LUCKY把媽咪拖倒了，牠知道不吃飯，不抬頭，牠是真正的在後悔。

將近兩年來，我仔細觀察狗，我從狗身上領悟很多，也學到不少，同時也把人的反應和狗狗對照，我從中得到證實，狗狗犯錯後，當主人在責備牠的時候，牠必定垂下頭，躲到角落，雖然沒有看出牠在痛改前非，但起碼牠知道自己錯了，記住了，不會再犯。

人，沒有這份修養，有些人犯了錯誤，不但不會低頭，反而抬頭挺胸，理直氣壯，臉紅脖子粗的強辯，那樣子真像一條瘋狗在大眾之前狂吠的樣子。

趙老大形容得沒錯，你覺得怎樣？在你我身邊，不是經常出現這樣的場景嗎？

今夜睡汽車旅館！

通過合歡山後，就是下坡路段，天氣晴朗，很適合開車。經過半天的山區行駛，人困馬乏，看得出來，ＬＵＣＫＹ已經很累了，趴在椅背上，昏昏欲睡。那口子早就睡著了，只有我這個老頭子，老牛破車，還在疲於奔命，握著方向盤向前行。

原本打算在廬山溫泉休息一夜，但是來到廬山街上卻又見不到一家旅館，而且街上的燈光昏暗，根本分不清東南西北，只好繼續趕路，目標還是埔里。

將近八點半，終於到了埔里，第一件事就是休息吃飯。我那口子上回在嘉義吃過火雞肉飯，念念不忘，正巧有家小吃店在三角窗位置，而且招牌就是「火雞肉飯」。

我們吃著火雞肉飯，喝著魚丸湯，ＬＵＣＫＹ毫無胃口，懶洋洋的趴在桌子底下，牠必定很累了。一路折騰，翻山越嶺，打從牠出生以來到今天，也沒有遇過這種長途跋涉的旅途。

我明白，牠很興奮，也很驚奇，更是勞累。牠趴在桌下，眼珠子卻是不停的打轉，心裡一定在想，你們快點吃好不好，我要睡覺了。

我們離開小店，向店員打聽什麼地方有汽車旅館？店員指指點點，左彎右拐，說得很仔細，我聽得卻是一知半解。摸索著走下去，也不知走過了幾個紅綠燈，終於看到汽車旅館的霓虹燈了，為了避免「禁止寵物入內」，那口子特別把LUCKY的腦袋按在椅下，而且叮囑牠不要叫、不要動。LUCKY倒也服從媽咪的指令，一動也不動，只聽牠在椅子下面喘大氣。

今天想起那段偷渡汽車旅館的過程，我們還當作笑料，LUCKY當然早就忘了躲在椅子下的那段，但牠看著媽咪笑得開心，牠也跟著喘大氣，那模樣真的天真可愛。

進汽車旅館只要在門口付了費用，領得一把鑰匙和房門號碼牌，就可自由活動，沒有人干涉，我們快快的找到房間樓門，打開鐵門，車子開進後，拉開車門，LUCKY第一個跳下車，可能是把牠憋慘了，牠在樓梯下繞來繞去，很好奇，心裡一定在想：我們回家了嗎？這裡不是我們的家呀。

上了二樓，又開一道房門，扭亮電燈，是一大間套房，一張大床，兩個沙發，還有洗澡間，LUCKY倒是不客氣的跳上了彈簧床，立刻就擺出睡覺的姿態，媽咪把牠喊住了：下來，你今晚睡小房間，快下來。

LUCKY在床上打個滾，下來，不肯去洗澡間，在客廳內四處張望，牠就是奇怪，今晚怎麼睡這裡喔？我們為什麼不住那個大院子？牠還在想念那個大宅院。

太累了，我倒頭就睡。那口子把ＬＵＣＫＹ叫進洗澡間，想必是替牠洗臉、洗腳、刷牙。這是家規，每晚沒有做完這三件事，不許睡覺。ＬＵＣＫＹ從滿月開始就養成這種習慣，所以牠早就對媽咪的動作習以為常了。

真是一夜好睡，天亮後，我牽著ＬＵＣＫＹ到汽車旅館的庭院散步。一個人影也沒有，我放心的牽著ＬＵＣＫＹ在院子裡走來走去，又換了一個新環境，牠又有股新鮮感，我看牠在院子裡又跑又跳，想必是精神恢復了，尾巴翹得高高的，嘴也張得挺大，應該有點餓了。我對牠說，等媽咪起床後，吃早飯，然後我們再去有草坪的地方玩。牠也許懂我的話，眼睛一直盯著那棟樓房的窗口張望，原來那間就是我們住的客房，牠的記憶力真好，眼神落在窗台上，目的就是在尋找媽咪，媽咪為什麼不起來呢？

過不一會，那口子從窗口探出頭來，叫了一聲ＬＵＣＫＹ，牠的耳朵靈得很，豎立起來，尾巴用勁的擺動，也回應叫了兩聲，意思是：媽咪快下來呀，肚子餓啦。正巧，服務人員把供應的早餐端來了，放在一樓停車的平台上，待服務員走開後，ＬＵＣＫＹ朝著平台奔去，因為牠已經嗅到烤麵包的香味了。昨晚沒吃東西，現在一定餓得頭暈腦脹，走，吃早餐去。

總共只有四片麵包，一杯咖啡，我也餓了，也想吃兩片，ＬＵＣＫＹ在吃東西方面絕不客氣，我的一片麵包還沒吞下，牠的兩片早就吃完，正在等第三片，張著嘴，舌頭伸得老長，一副飢餓狀，我只好把最後一片也塞到牠的嘴裡，意猶未盡，只好忍著吧。

等那口子出門後，我們又要出發了，今天的目標是日月潭。

日月潭到了！

埔里距離日月潭很近，順著寬敞的公路行駛只要二十分鐘就見到日月潭。雖然風光明媚的日月潭很亮眼，但是我們沿著環潭公路找到露營區時，失望了。真是失望透了。

只是在潭邊空地上，掛著一塊「露營區」的牌子，沒有設備，尤其服務態度之差，實在令人氣得七竅生煙。我向一名年輕人詢問什麼位置可以露營？他的回答只是用手指著潭邊，我們在通過門卡時，先付費五百元，然後什麼也沒有了。

除了有幾個洗碗池，兩間簡陋的廁所，沒有任何大眾設備，尤其誇張的是，在收了五百元服務費後，竟然限時供電，也就是說，下午五點半以後才供電，在這個時段之前，想要用電鍋煮飯，那只有等候，可是等到五點半以後，電並沒有來，一直拖到將近六點，燈才亮了，我很納悶在這個國家公園內，怎麼出現這種露營區？

實在太誇張了。

因為露營區內就像一個荒蕪的廢墟，處處都是黃土，稍稍動一下，黃土飛揚，更令人驚訝的是，兩三條野狗來往穿梭，我一直納悶，既然是收費露營區，為什麼沒有基本服務？我把這塊廢墟定位在全台灣最破的露營區上，應該不算過分。

LUCKY也是無精打采，因為我們沒有放開牠，在一條鐵鍊的約束下，牠不能自由活動，看得出來，牠很不爽。

我把躺椅放在潭邊，只好這樣欣賞日月潭了，那口子走了一圈，也覺無聊，乾脆窩在車內睡覺。兩人加上一條狗，就在日月潭畔閉目養神，LUCKY真的在睡覺，心裡想什麼，難以理解，或許在想：阿公怎麼來這種地方？又不能玩，又不能跑，回家啦。

一夜過去，遊興全消，及早回家吧。

那口子在為LUCKY打理早飯時，告訴牠：我們要回家了，吃完就回家。LUCKY明白媽咪的意思，很高興，出來這些天，牠也想家了，尤其魚缸內的十一條魚也是牠的玩伴，LUCKY想回去看看這些小魚，好幾天沒在魚缸旁跟他們玩了。牠在潭畔叼了好幾塊白色鵝卵石，這是牠要送給小魚的禮物。

Part3

與LUCKY對話

導盲犬的悲情歲月

忘記是什麼原因了，前總統李登輝有次從國外回來，帶回導盲犬的資訊，而且，一再鼓勵大家訓練導盲犬。從此，導盲犬的社福團體成立了。有的團體派人到日本或美國取經，向專家學習導盲犬的訓練課程。

從導盲犬的資訊中，我得到一段介紹，我們也可從這段簡短的文字中，了解一隻導盲犬從養成教育到正式服役，確實經歷了不少辛苦的過程，訓練人員要付出很多心血，導盲犬更要付出很多智慧和艱辛的體力……

・通常被挑選做導盲犬的小狗都以拉不拉多為優先，因為拉不拉多的個性穩定，服從性高，而且不會輕易受外界引誘。黃金獵犬雖然在智商上不次於拉不拉多，但是太調皮活潑，容易見異思遷，一旦碰上外物誘惑，說不定牠就把主人放下，跑去應酬了，因而黃金獵犬極少成為導盲犬。但是我們在花蓮白陽山莊見到喬媽身邊的POLO導盲犬，就是黃金獵犬，喬媽說POLO是一百多條中被選訓成功的一條呵。

・小狗出生兩個月後，訓練師就會在養殖中心嚴格挑選，不但品頭論足，而且要查看傳統和血統，甚至這條小狗仔的祖宗十八代也得翻出來細看，凡是有前科的老祖宗，都被摒棄在外，包括，這條小狗的祖先有沒有咬人的習慣、有沒有神經質等等，都得一一鑑定，一點也不馬虎。

・通過初審的小狗，在八周之前，要注意牠的體質發育，如果發育正常，訓練師就要安排牠到寄養家庭去適應家庭生活，讓牠進入一個陌生環境時，不會陌生，也不會心生恐懼。在寄養家庭度過四個月或六個月以後，一切都習慣了，小狗也變得成熟健壯，牠又要搬家了，進了正規的訓練中心。

・雖然搬進了訓練中心，但沒有正式開始訓練，就如同新生入學一樣，訓練人員還要觀察牠的氣質和屬性，如果這兩項評估沒有過關，將來牠很難和主人相處，訓練時光等於白白浪費了。所以也只好「勒令退學」，又回到寄養家庭。

・新生入學訓練合格了，接下去就是最基本的兩大科目：口令訓練和服從訓令。再接著就是閃避障物訓練、交通路況訓練、一般工作訓練、佩掛導盲鞍訓練。

據估計，一隻兩個月大的小狗從初選，到全部訓練課程完成，兩年過去了。可以了解，一隻導盲犬的成長過程，真是千辛萬苦，誰又知道牠們為人類服務所付出的代價呵。

我們在喬媽家停留的一天一夜中，看到她的POLO表現出來的服務項目，喬媽如果和我們在草坪中聊天，POLO也會和其牠狗狗玩耍追逐，可是當喬媽到房內，打算出門時，只要一聲呼喚，POLO就會立即停止自己的遊戲，回到喬媽身邊，等待喬媽為牠佩掛導盲鞍，再等候接下去的指令。那副導盲鞍有一公斤重，皮製，就跟馬鞍一樣，套在導盲犬背上，上面還有一根支架，盲人就拉著這根支架出外活動。

我曾參訪導盲犬協會高雄分會，工作人員說，為了維持導盲犬的正常體重，三十五公斤左右，每餐食物也有一定限制，每日兩餐，就是以飼料為主。我就在想，狗狗最大的享受不就是吃飯時間嗎？限時限量，牠還有什麼樂趣呢？

我又聯想到，人類為什麼要利用狗狗作為帶路的工具呢？盲人可以聘雇傭人或是家人帶路，不是又方便而且更安全嗎？

我的疑問很快就尋得了解答：因為任何雇用的人或是家人，都不會全天候的待命，唯獨導盲犬可以在任何情況下，只要一個口令下達就出發了，而且牠沒有怨言，沒有抗拒，真是最聽話的導盲工具。人，未免太自私了吧？

一隻導盲犬服務到十二歲就退休了，回到早先的寄養家庭，重享自由生活，但是一隻狗狗的生命只有十六歲，算一算，導盲犬退休後又還有幾年可以享受自在生活？牠的黃金歲月全部奉獻給飼主了。

我一直希望了解取得一隻導盲犬的程序需要多少費用？但是沒有明確的答案，口徑一致的答案是，不需要費用，但是必須登記申請，因為訓練合格的導盲犬供不應求，等上一兩年也是正常的。

我認識一位年輕朋友，阿勇，雙眼重度弱視，目前在盲人樂團充當鼓手，夫妻兩人都是重度弱視，阿勇雖然過視而不見的生活，但他自由自在，很喜歡外出，他住台北士林夜市附近，沒有演出的日子，他就外出逛夜市，他告訴我，經常遊走一趟夜市都會碰得滿頭包回家，他很樂觀，過兩天又出門了。

我勸他們申請一隻導盲犬，有了導盲犬開路，頭上就不會再出現瘀青了。他說：開玩笑，領得一隻導盲犬沒有二十萬就牽不回家。

二十萬元，我認為阿勇的親身經歷是正確答案。不過仔細評估，訓練一隻導盲犬要花多少時間和人力，所以即使付出二十萬元也是應該的，再說，雇用一名外勞伺候一名盲胞，也不可能花二十萬元就能聽候指使七八年吧？

我一直對於披掛在導盲犬背上的導盲鞍感到非常不妥，因為一公斤的重量，為什麼不改用其他圈套呢？一隻體重維持在三十五公斤上下的導盲犬，背上再扛著一個一公斤的導盲鞍，走在盲人的前頭，盲人沒停下來時，牠就得一直走一直走，而且走在任何場所，不得左顧右盼，不能停下喘息，任何人不得摸牠，不得和牠打招呼，牠的唯一使命就是把身後的主人帶往想去的地方。

早些年，台灣還沒有導盲犬，星級飯店、火車、飛機等等，都不允許導盲犬進入，現在是開放了，但是導盲犬上了火車，也不能佔用座位，只能趴在主人的椅子下方，主人沒有離開，牠就趴在下面聽候差遣。有天我在高鐵左營站看到一隻拉不拉多導盲犬，主人停在自動售票機旁購票，牠就趴在旁邊等候，主人拿起礦泉水餵牠，牠就張嘴大喝，牠走了這段路，渴了；看著這隻拉不拉多，我就會想起ＬＵＣＫＹ。三十九公斤的外型，全身披著金色毛毯，走在那裡都是人見人愛的模樣，走在那裡都笑臉迎人，但是ＬＵＣＫＹ的性情卻不穩定，注意力不集中，東張西望，走在公園，看到一隻蝴蝶，牠也會奔過去追逐，憑著黃金獵犬的傳統個性，牠們就很難被訓練師挑去候選導盲犬，因為牠在興致高昂時，可能會放下主人，奔去追蝴蝶了。

不過，黃金獵犬和拉不拉多交配的下一代，卻是訓練師喜歡的品種，因為智商極高的黃金獵犬搭配穩重的拉不拉多，生下的第二代就是理想的導盲犬的最佳明星了。

ＬＵＣＫＹ生日快樂！

有天晚上，那口子趁著到對街的麵包店買早餐麵包時，順便買了一個小蛋糕，說是今天ＬＵＣＫＹ過生日，給牠的禮物。

我大嘆一口氣，那口子問我：「你嘆什麼氣？」

「妳已經把ＬＵＣＫＹ寵得太不像話了。」那口子理直氣壯的回我：「寵物嘛，就是受寵喔。不然你養牠幹什麼？」

我發現一個很不正常的現象，就是ＬＵＣＫＹ在家裡只聽媽咪的指令，對於我，則是陽奉陰違，一副愛理不理的樣子。這就是狗眼看人低，狗仗人勢，ＬＵＣＫＹ真的把阿公吃定了。這個問題很嚴重，我不得不重視。

我想起一個管教方式，我說：「以後關於ＬＵＣＫＹ的生活由妳負責，管教由我負責。很簡單啦，吃喝拉撒由妳擔綱，我就教牠不能沒大沒小，要守規矩。」

那口子倒是沒有反對，哈哈一笑，說：「好哇，沒問題，不過我倒擔心，你沒把LUCKY教好，牠倒反過來把你教好了。」

那口子又補充一句：「LUCKY一直把你當成牠的大玩偶，譬如牠咬你的拖鞋就是一個例子，你看牠，牠從不敢咬我的拖鞋，牠吃定你了。」

我不明白那口子的意思。

「你看吧，以後看著發展，你要能把牠管好，我請你吃牛排。」

我們正說著，LUCKY也不理我們，牠的目光一直盯著冰箱上面的蛋糕，喉嚨間發出嗯嗯的聲音。那口子聽得懂牠的意思，把蛋糕收到冰箱內，對牠說：「明天早晨吃，今天刷過牙了，不能吃。」

LUCKY明白媽咪的話，今天沒指望了，心裡雖然惦念冰箱裡的蛋糕，但也莫可奈何。那口子說：「這就是管教，我的管教方式是恩威並重，牠就能接受。」我不服氣，接著說：「妳這一套我也會。我用愛的教育，更管用。」

我們要睡覺了，LUCKY明白今晚吃不到蛋糕了，也沒辦法，趴了下去，不過今晚牠的睡覺位置換了，搬到冰箱門口，守著冰箱，唯恐我們半夜起來偷吃牠的蛋糕，那個樣子，真的可愛極了。牠真是太聰明了，我想那口子對牠的寵愛也是有道理的。

有位獸醫師說對待不聽話的狗狗，只有打罵教育，狗狗只記得皮肉受苦，這位醫師說，有人管教狗狗都用塑膠管打，很痛，一兩次就記住了。

我回去把獸醫的話說給那口子聽，那口子回我：「你的管教方式就是用打喔？」我搖頭，我說，不可能的，我們又不是馬戲團，幹嘛這樣。

一夜無話，顯然我的接管意見破功了。因為我們都反對用打罵方式對待ＬＵＣＫＹ，於是又回到原點，就這樣任由牠自由發展吧。

但是再仔細回想過去的兩年，ＬＵＣＫＹ還是挺聽話的，尤其那口子只要板起面孔，牠還是了解情況。譬如最近那口子想到一招，就是用一根橡皮筋彈牠，嘗過幾次不舒服之後，只要媽咪拿起牆上的橡皮筋，牠就跑到門邊，低著頭，翻著眼皮等著媽咪的下一個動作，這就是唯一的懲罰，而這項懲罰還真的管用。現在只要那口子比個手勢，手裡並沒有橡皮筋，牠也會安靜下來，躲在牆角反省去了。

早晨，我正在洗臉時，ＬＵＣＫＹ已經等得很不耐煩了，原來牠整夜都趴在冰箱門口，衝著我叫了兩聲。意思是，吃蛋糕喔，快點啦。

好不容易等到媽咪起來了。好高興喔，那根大尾巴使勁的搖擺，也是在催媽咪動作快點，牠在說：「媽咪快點吃蛋糕吧。」喉嚨裡發出哦哦的聲音，我的翻譯是「餓餓」。又磨蹭了二十多分鐘，小蛋糕端上了茶几，ＬＵＣＫＹ生日快樂。牠終於吃到蛋糕了，好快活。

小小的一個蛋糕全被牠吞了，吃相難看，那口子大聲說：「慢點吃，統統給你吃，不要

鄰家的熊哥！

我們在開餃子館期間，隔壁店家是間泰式餐館，餐館老闆家中養了一條黃金獵犬，熊哥，聽這名字就知道是條公狗。熊哥經常跟著老闆來店門口蹓躂，我們的ＬＵＣＫＹ也偶爾來到店外放封，ＬＵＣＫＹ和熊哥同性相斥，每次見面都是彼此點頭，沒有什麼交集。

熊哥快六歲了，據朋友說，這小子剛滿一歲時，就喜歡溜出去「開查某」。我笑著說，有樣學樣，熊哥必定是跟主人學的。朋友也笑著說，你別亂講。

但是熊哥真的很色，碰上母狗，也不管年齡有多大，即使是彎腰駝背的老母狗，牠也跑去摟摟抱抱，必定不存好心眼。朋友笑著說，熊哥真的是生冷不忌，老少通吃喔。

朋友的家是透天厝，大門經常敞開，熊哥進出自如，等於給牠打開了尋花問柳的方便之門。熊哥長得真是很體面，毛很長，又很乖巧，任何人走過牠身邊，都會禁不住要伸手摸摸牠，熊哥也會用舌頭舔對方的手臂，很討人喜歡。

有天，朋友又牽著熊哥到店裡，牠趴在地下，一動也不動，觀察進出店裡的客人，也搞不懂牠的腦子裡在想什麼。朋友說，牠一定在打主意，想去公園玩玩。牠整天就想出去，不喜歡脖子上的套圈，牠要自由。

過沒幾天，朋友告訴我，熊哥不見了，因為住家的大門沒關緊，而門鎖也沒鎖好，熊哥就趁機溜出去了。

全家動員，尋找熊哥，周圍方圓五公里的地方，全找遍了，沒有熊哥的下落。晚上，家門敞開，等著熊哥回來，但是熊哥沒有回來。全家很傷心，尤其是朋友的老爸更是難過，茶飯不思，整天在附近公園尋找，希望發現熊哥，結果是落空了。

到了第三天，半夜裡，門外聽到狗叫聲，朋友的老爸聽出是熊哥的聲音，推窗一看，果然是熊哥趴在門邊，無精打采，老太爺趕忙出來查看，只見熊哥全身無力，只剩一口氣，全家都被驚醒了，熊哥回來啦。這是大事，朋友的老爸忙著從冰箱取出麵包和牛奶，熊哥真的餓昏了，大口大口的吃著，足足吃了半條土司，兩瓶牛奶，然後，又趴下去，睡著了。

天亮後，大家檢查熊哥，糟了，全身是傷，都是流浪狗留下的傷痕。朋友牽著熊哥到狗醫院看診，醫師看了傷痕就明白了大概，據有經驗的獸醫師推斷，熊哥必定在外面瞎逛時，肚子餓了，闖進了流浪狗的地盤，找東西吃，引起流浪狗的不滿，群起而攻之，熊哥哪裡是流浪狗的對手？何況寡不敵眾，最後落荒而逃。

朋友在醫師為熊哥檢查時，一眼看到熊哥的雞雞上有個小疹子，「這是什麼？」朋友問。醫師一看就明白了：「性病啦。」再檢查，果然化驗出來，熊哥染上了性病。醫師告訴熊哥的主人，如果再擴散開來，就變成了「菜花」。好在及早發現，注射了抗生素，又配了七天的藥，花了一千二百元，再加上全身洗澡消毒，又追加七百元，總共花了一千九百元，熊哥懶洋洋的跟著主人回家了。

熊哥元氣大傷，足足在院子休養了五天，精神漸漸恢復，牠又開始在門邊活動起來，但是朋友的爸爸盯得緊，大門深鎖，就是不准牠出去。

熊哥畢竟是帥哥，在牠待在院子裡關禁閉的那些天，朋友說，幾乎都有流浪狗跑來探監，朋友的老爸說，統統是母的。想必是隨著熊哥的體味跟蹤而來。熊哥感受到門外有女流徘徊，急得在門內汪汪大叫，巴不得奔出去重溫舊夢，老大爺取出大掃把站在門外轟趕，門裡門外，牆裡牆外，狗吠不斷，大夥都在向老太爺抗議，想必在嚷嚷：我們也有性自主權，放開，放開！

足足抗爭了半個月，或許熊哥和那群一夜夫妻百夜恩的娘兒們，知道沒什麼搞頭了，有緣再相會，後會有期，門前平靜下來。

熊哥在家裡安分了兩個多月，老太爺每天必定牽著牠到住家附近的公園散步，這是熊哥最開心的時刻。早晨七點，下午五點，這兩段時間出門，一小時後返家，熊哥雖然沒有時間概念，但牠會憑感覺來判斷時間，十拿九穩，老太爺也很佩服熊哥的智慧是超強水準，所以對牠百般愛護。

朋友說，如果下午散步時間到了，老太爺還沒有動作，熊哥就會嗯嗯吱吱，想必是告訴老太爺：時間到了，走吧？有時，老太爺睡午覺超過時間，熊哥會汪汪叫兩聲，意思是起床號，再等一會，老太爺還沒有反應，熊哥就會扯他褲腳，非把老太爺扯起來不可。

據朋友說，每回出去散步就像打仗一樣，因為他老爸必須把熊哥拉得緊緊的，一點也不能大意，稍有一點疏忽，可能就會出狀況，他老爸有多次被熊哥拉扯跌倒，我提醒朋友，熊哥那麼大，你老爸哪裡是牠的對手？

我這話剛說完才第三天，朋友帶著熊哥到我的店裡來，我好奇的問朋友：怎麼今天沒帶熊哥去散步？朋友苦笑的回答：老爸被熊哥拉摔倒了，摔得不輕，手腕脫臼，不能出門了。

原來，老太爺下午準時牽著熊哥去公園去散步，突然熊哥發現了一條拉不拉多，是條母狗，熊哥就像觸了電似的，一個躍起的動作，掙脫了圈套，奔向拉不拉多身邊，又摟又抱，嚇得那條拉不拉多一直閃躲，熊哥哪肯就此罷休，當著大家的面，就想硬上，好在拉不拉多的主人是年輕人，很快就拉開了。熊哥還不放過，還圍著拉不拉多繞圈子，朋友老爸坐在地上，一直叫熊哥，熊哥。熊哥哪裡聽得進去？就像餓虎撲羊似的，不肯離開，後來，還是拉不拉多的男主人，牽著自己的狗急忙離去，才終於解圍。

熊哥見大勢已去，就像喪家之犬，可能是噩夢初醒，想起了老太爺，急著回到老太爺身邊，垂著頭猛舔老太爺的手臂，必定是在懺悔，老太爺打手機把兒子叫來，送他去醫院，打了石膏，回家了。

熊哥又開始了關禁閉的日子，朋友經常生氣的斥責熊哥：以後不准出門，沒家教。色狼！

我問朋友：「你說牠是色狼，牠聽得懂嗎？」朋友笑笑的說，好像聽得懂喔。

「牠是什麼表情？」朋友回我：「牠就張著大嘴，嘿嘿嘿。」

我說：「熊哥用這種表情回應你，你知道牠在想什麼嗎？」朋友望著我：「我看不懂。」

「熊哥在說，老闆，我還不是跟你學的。」朋友踢我一腳，笑笑的說：「我哪有牠這樣色？」

有天，朋友太太也來了，提起熊哥見一個抱一個的動作，朋友太太撇著嘴說，這都是跟他學的，有樣學樣嘛。大家都笑了。

老太爺手痛，不能遛狗了，熊哥也不能出門，心情當然跌到谷底。雖然不能出門，但熊哥的嗅覺靈敏，耳朵也很精，只要外面有條母狗經過，牠必然有動作，跳起來大吼大叫。意思必然是在訴苦，有的母狗聽到熊哥的聲音，跑過來，貼著門縫，嗯嗯吱吱，雖沒有肌膚之親，但也稍解相思之苦。

老太爺只要聽到門外有了聲音，必定舉起大掃把驅趕，熊哥就會死叫不停，顯然是在向老太爺抗議，抗議老太爺不解風情吧？

很多人建議我朋友把熊哥來個一勞永逸，結紮了事。有人還說得更明白，既然是牠的雞雞在作怪，何不把牠紮起來，不就省得麻煩了。

我朋友在猶豫，吃過熊哥苦頭的老太爺卻是極力反對，他老人家的理由是，結紮？不就變成公公了，太監？不可以。老太爺又說，結紮後，牠的名字也要改，叫牠熊妹妹？不好聽，不能紮。就在老太爺的堅持下，熊哥保住了英雄本色，但是牠太色，大家也很傷腦筋。

熊哥真的很對不起老太爺，儘管老太爺一再呵護牠，但是牠還是本性難改，一個月黑風高的夜晚，熊哥又去尋花問柳了。

熊哥怎麼又跑了？朋友說，有天夜裡，家裡來了鄰居，找老太爺談事情，大門沒有關緊，有道縫，熊哥就用嘴撥開門縫，溜走了。

全家老小又在公園和附近大街小巷尋找，沒有下落，忙到半夜，老太爺心灰意冷的說，算啦算啦，不必找了，由牠去吧。老太爺的口氣雖然也有著百般無奈，但他對熊哥沒有恨，只有疼愛。

朋友的弟弟說，花心難收，即使找回來，牠還是會跑，等牠餓極了，自然會回來。

錯了，等牠餓極了，牠就會回來？老太爺回應說：也只有這樣盼望嘍。

但是這種估計，對熊哥是錯誤的，等了一個星期，就沒見熊哥回來。朋友弟弟說，可能被那個流浪的老母狗收留了，我們盼牠回來，牠卻和老母狗打得火熱。算啦，別做這種指望了。

奇怪得很，一個星期過去了，沒有消息，全家已完全放棄指望時，又過了三天，市郊的派出所打來電話，查問有沒有一頭黃金獵犬走失？

原來，派出所根據熊哥體內的晶片，查到狗主人的電話，正在思念熊哥的老太爺大喜過望，叫他小兒子開車帶他去派出所，親自把熊哥接了回來。在回家的路上，老太爺還到麥當勞買了一大包吃食，熊哥就像一頭餓極了的野狼，趴在客廳內，好好的補補身子。

就在熊哥大吃一頓的時候，老太爺檢查牠的身體，遍體鱗傷，慘不忍睹，從頭到腳，可以說是體無完膚，看得老太爺好心疼，一再的唸著：叫你不要亂跑，你偏要亂跑，你看，全身都是傷，必定又是跟流浪狗爭風吃醋，你以為你很帥喔，流浪狗都是有幫有派，你這個大帥哥，有什麼用？還不是敵不過流浪狗。

熊哥也真能跑，從派出所的位置，距離朋友的家，起碼就是從台北的南港到萬華大理街。大家推斷，熊哥必定是一路玩耍，一路招蜂引蝶，玩得樂不思蜀了，最後落腳到市郊，想必也是跑不動了，被好心人送到派出所，派出所發現熊哥脖子上掛著狂犬病注射牌，知道不是流浪狗，帶去獸醫院解讀晶片，結果查到了熊哥的主人。就這樣，熊哥又回來了。

第二天，老太爺又帶牠到熟識的獸醫院，醫師見到熊哥，開玩笑的問老太爺：「怎麼，又中鏢了？」獸醫低頭看去，禁不住哈哈大笑：「果然啦，又中鏢了。」

驗血，檢查傷口，消毒，塗藥膏，診斷出來了：驗血有陽性反應，證實是中鏢——淋病，雞雞上還有被咬的痕跡，耳朵也有傷口，腹部也有抓痕，因為用力過猛，抓痕變成撕裂傷。

獸醫推測這些傷痕的形成原因：熊哥必定在流浪狗群中搶食物，又勾搭母狗，引起公憤，因而受到圍剿，醫師指著熊哥的額頭說：這裡的長毛都被抓掉了，可見戰況相當慘烈。

熊哥在外面拈花惹草，老太爺則是花錢消災，又花了兩千七百元，熊哥又跟著老太爺回家了。朋友弟弟開玩笑的說，天下哪有白玩的姑娘，熊哥爽得要死要活，老爺子卻是付了遮羞費，兩千七百元。

平時，老太爺省吃儉用，喝酒都捨不得買好的品牌，但是花在熊哥身上卻是毫不手軟，大方得很，因為老爺子愛熊哥，何況，熊哥真的是一頭討喜的黃金獵犬。

我很久沒見到朋友了，也沒電話聯絡，前天，我帶LUCKY去美術館散步，走在長椅旁，我坐下休息，想起朋友，便掛電話過去，首先就是問熊哥的近況，朋友咳聲嘆氣的說：「又跑了。」

「有沒有出去找？」

「這回不找啦。」

我問朋友落跑多久了？已經快三個月了，朋友說：「搞不好，已經跑到台北去啦。」熊哥在我們的記憶中漸漸淡化，很可能牠已經在台北有了地盤，成為熊爺呢，也說不定。

LUCKY的夢中情人！

有了熊哥的前例，那口子把LUCKY看得很緊，除了脖子少不了圈套，有時還會拿一根手杖，我問她手杖有什麼用？

「防止母狗來引誘LUCKY。」我沒吭聲，只是覺得很好笑。那口子又說了：「你不要笑，萬一LUCKY感染了性病，你帶牠去找王醫師喔。」我回應：「LUCKY的家教好，應該不會在外面拈花惹草。」

那口子不再理我，牽著LUCKY舉著手杖出去了，在我家附近有家大型百貨公司，公司前面就是大片休閒廣場，每天下午很多人來到廣場上活動，也有不少人帶著寵物來此展示，品頭論足，看誰家的寵物最有人緣。

LUCKY在這方面從來不給媽咪丟臉，一副抬頭挺胸的架式，飄散著全身的金色毛髮，任何人從旁走過，總會忍不住要伸手摸牠一把，好漂亮喔！那口子這時很得意，爽在心裡口難開喔。

周末傍晚在百貨公司廣場散步是ＬＵＣＫＹ的最愛；平日的黃昏，那口子也會帶牠去頂樓陽台跑步，我們的頂樓陽台很大，也有樓梯分成兩段式，ＬＵＣＫＹ就在樓梯上來回跑動，也能增添牠的運動量，有天，那口子從樓上回來後，很高興的說，隔壁大樓有戶人家養了一隻黃金，母的，叫波麗，ＬＵＣＫＹ很喜歡波麗，跟前跟後，好興奮呵。我想，ＬＵＣＫＹ長這麼大沒交過異性朋友，現在有伴了，當然很新鮮。

我們在聊波麗時，ＬＵＣＫＹ在旁猛搖尾巴，巴不得再上樓找波麗，那口子對牠說，明天再去啦，人家回家了。

就從這天起，ＬＵＣＫＹ每當看到外面黃昏時刻了，牠就急著上樓，當然是急著去找波麗，如果那口子動作稍慢，牠就咬著媽咪的拖鞋，意思很明顯；快點啦，波麗在樓上等我啦！

連續兩天，波麗沒出現，或許人家不是固定每天帶著波麗到陽台玩耍，正巧那天被ＬＵＣＫＹ碰上了，這個沒有親近過女生的ＬＵＣＫＹ就像遇到天仙下凡似的，走火入魔，一頭就栽了下去，結果就形成今天沒見到波麗，很失望，很落魄的德性。

又隔了三天，波麗出現了，ＬＵＣＫＹ雖然見到了波麗，但回來後還是垂頭喪氣，回到家來，我看牠興致不高的樣子，問那口子怎麼回事？那口子還在笑，笑個沒完，原來，波麗對ＬＵＣＫＹ那股急驚風的舉動毫無興趣，那口子形容，ＬＵＣＫＹ朝著波麗搖尾巴，波麗就閃牠，LUCKY又想來個霸王硬上弓，波麗就對著牠狂吠，後來，LUCKY又設法接近，波麗就躲到主人背後去了。

在陽台上追逐了一陣，LUCKY氣喘不停，累了，天也暗了，波麗的主人就牽著牠下樓了，將要進入電梯前，年輕人說，可能波麗已經結紮了，所以對LUCKY沒有好感吧。

原來是這麼回事呵！那口子還在笑，對著LUCKY說，死了這條心吧，人家沒有興趣啦。

LUCKY當然聽不明白媽咪說什麼，但察言觀色，必定是在談波麗的事，於是也跟著嘿嘿起來，好似又看到了波麗，又攏到門旁，希望媽咪帶牠上陽台和波麗會面。

我也禁不住哈哈大笑，實在太可愛了，可見波麗的魅力很大，弄得LUCKY神魂顛倒了。

很多天沒有波麗的消息，LUCKY還是舊情難忘，每天上了陽台就會四處尋找波麗的留痕，每天都是興致勃勃的上樓，無精打采的回來。過了兩個多月，應該是淡忘了，LUCKY果真又回到往日的情緒，有天我在大樓外面遇到年輕人和波麗，原來他們改變了散步的方式，不再去陽台，而是每晚去附近的夜市，逛一個小時再回家。

我把波麗新動向告訴那口子，她說，LUCKY不能去夜市，因為牠性情不穩定，見到任何狀況都會好奇的觀望，萬一跑不見了，怎麼辦？

沒錯，ＬＵＣＫＹ就是太不穩定，走在人多的夜市，牠在牛排攤前不肯走了，我又怎麼辦？

想想，還是在陽台上活動吧，夢中情人波麗也只能留在ＬＵＣＫＹ的腦海中激盪了。

黃金獵犬的黃金年代

我們抱回LUCKY的那年，花了五千元。但是在更早幾年，黃金獵犬的價碼在五萬元上下，原因就在這是一種討人喜歡的狗。

黃金獵犬不但外型出眾，而且脾氣溫馴，最適合作為小朋友的玩伴。尤其牠的金色毛髮和那對大耳朵，就足以值回票價了。

除了黃金獵犬，拉不拉多也很有人緣，在那個流行飼養大型犬的年代，大家就是盲目的追尋這兩種明星狗，網路上只要出現訊息，立即就可成交。很多人在購買明星犬的時候，也會索取血統書，但是血統書也是假的，二十元一張，寵物店可以買到，所以我們在抱回LUCKY時，根本就不要血統書，只要看來可愛，我們就付錢了。

正因為黃金獵犬和拉不拉多有過金色年代，在郊區的山坡地上就出現了不少繁殖場，專門大量繁殖大型犬，繁殖場的主人只顧到利益，不計較品種培育，因而就出現近親交配，不計血統的紊亂現象。

在台灣有種很奇特的現象，很多人都是懷著跟著時尚走的心情在過日子。譬如大型狗在流行期間，不少家庭就買來大型狗當寵物，但卻沒有想到飼養大型狗應該有適當的環境。就以黃金獵犬為例，如果沒有較大的空間，對黃金獵犬等於是種虐待。再說，如果沒有多餘時間照料，也是很大的煩惱。黃金獵犬的長毛很漂亮，但是每周必須梳理一次，而且必須洗澡沖刷，市面上出現很多寵物美容專門店，每次少說也得七百元，一個月就得花費三千元，面對這筆基本消費，不少家庭就把早先的寵物視為一種負擔，再加上飼料和醫療保養，一個月總得投資五千元在黃金獵犬身上，日久天長，心生厭倦，寵物失寵了，狠心的飼主就把牠們趕出家門，原本是寵愛的黃金獵犬，突然就流浪街頭，成了流浪狗，這又是何等殘酷。狗，是無辜的，人，是故意的；在人類的主宰下，也造成了社會問題。

在大量繁殖的市場中，沒有經驗的家庭花了高價抱回一隻可愛的小狗，小狗越長越大，六個月就可帶出去散步了，當牠們越變越成熟的階段中，主人發覺身邊的黃金獵犬走路姿勢很怪異，就像拄著拐杖的老人，送到獸醫診所檢查，很不幸，原來是黃金獵犬的髖關節出了毛病，在美國的家庭中，一旦發覺愛犬患了髖關節毛病，唯一的方式就是安樂死，因為不但結束牠的痛苦，也降低家庭負擔，在台灣卻出現逐出家門，給牠自生自滅，又製造了一個人狗之間的悲劇。

當然，我們也常見「人狗之間生命共同體」的現象；也就是說，有人養狗，很短時間內，就融為一體，人狗不分，生活步調完全相處在一起。吃飯的時候，有一把嬰兒椅供狗狗使用，有人飼養小型狗，還特別添購犬用嬰兒車，出門時，狗狗坐在嬰兒車內，主人在後推車；睡覺時間到了，人狗同床更是不足為奇；我們家雖然也有一隻黃金獵犬，但絕對要有各自的底限，LUCKY有牠的飯碗，有牠的吃飯位置，也有牠的睡覺沙發，LUCKY的沙發不許別人使用，但牠不可坐在我們的沙發上，偶爾，牠會興奮過度，跳上我們的沙發，立刻就會被那口子喊下來。

這是為什麼？這就是劃清界線，那口子堅持一個原則；不可以沒大沒小，狗就是狗，牠有一定的活動範圍，不得超越，一旦超出，就得立即制止，否則養成習慣，那就天下大亂了。

我很支持那口子的家教規則，所以LUCKY在我們吃飯的時候，牠也只能趴在桌下觀看，絕不可能跳上椅子爭食美味。在我們家是不可能出現同桌吃飯的畫面，事實上，那口子在開飯之前，就已經把LUCKY的一份準備好了，牠早在十分鐘前就吃飽了。

最近看到媒體有則報導，有位小姐向單位主管請無薪假一周，原因就是牠的狗狗死了，她沒心情上班，而且在忙著為狗狗料理後事，我看了這則新聞的立即反應是；矯枉過正嘛！除了矯枉過正，而且還包含一些矯揉造作，太離譜了吧？

正因為這類族群不少，所以市面就出現了「寵物禮儀公司」，一切包辦，大約也得一萬元以上，最荒唐的是，在一切包辦中還有一項是請來和尚道士誦經超渡，看到這種場面，我的反應是，不但荒腔走板，而且有些過分的神經質。

當大型狗失寵之後，取而代之的是小型狗，很多女性把小型狗作為一種裝飾品，無論走到哪裡，肩上有個大布袋，裡面就是一隻小型狗，逛百貨公司、吃麻辣火鍋、進出牛排館，幾乎都可見到肩上揹著大布袋的女性，裡面就是她們的寵物，寸步不離，確實比對待自己的男朋友還周到。

人，是很靈性的動物，如果為了一隻寵物而失去了原有的靈性，那就本末倒置，生活變調，這又何苦來哉呢？

滿街都是變態狗！

為了對付流浪狗的大量繁殖，政府機關和社會團體開始宣導為狗狗進行「結紮」手術。不論狗狗的性別，一律結紮。

看了這類宣導，我就想到二十多年前，政府為了節制人口不斷增加，開始了節育的政令宣導，而且特別推行男性到各家醫院接受結紮手術，手術完成，立即可以領到三千元營養費。

二十年後，政府的政令又變調了，鼓勵已婚家庭生兒育女，而且政府可以輔助教育費，當然不只三千元，可是效果不明顯，很多年輕夫妻就是不領這份情，說不生就不生，如果每生一名嬰兒，可以領十萬元，那倒可以考慮。所以推廣了兩三年，台灣人口還是沒有顯著增加，有人開始憂慮，若干年後，台灣就要成為老人國了！

看到流浪狗四處流浪的場景，我們也曾想到為ＬＵＣＫＹ結紮，我們幾乎都決定了，可是一段說法，改變我們的意念。

在想像中，原以為狗狗結紮，只是小小手術，切一道小口，挑出輸精管，紮起來，結紮手術就完成了。但是我向同好探聽，原來，公狗結紮就是使用斬草除根的方式，把公狗的生殖器整個割除，我聽後打消了為ＬＵＣＫＹ結紮的念頭。那口子也支持我的主張：那怎麼可以？就這樣養著吧，讓牠過得快活就好。

我又想到，古代為太監閹割的動作，就是把男孩子的陰囊全部切除，相當殘酷的手法。現在為了掃除流浪狗，政府竟然採取這種手法，不管別人能否接受，起碼在我們家是不可能通過的。

為了慎重，我又掛電話給王醫師，求證這段過程，我問他所謂結紮就是一刀兩斷嗎？王醫師可能在忙著看診，支支吾吾，話沒結論就切斷了……我在想隔鄰的波麗，波麗是母狗，母狗結紮就有很大的轉變，完全失去了狗狗的本性，有點陰陽怪氣的樣子，看牠對ＬＵＣＫＹ的反應，就曉得波麗已經變態了。

我又聯想到，如果ＬＵＣＫＹ切割後，不就成了太監了，古代稱太監為公公，以後我們就把ＬＵＣＫＹ改名叫公公吧？我告訴那口子，ＬＵＣＫＹ如果變成了公公，一定很怪異，那口子望著身邊的ＬＵＣＫＹ，叫了一聲公公，ＬＵＣＫＹ似懂非懂，竟然也搖起牠的大尾巴，樂得那口子哈哈大笑，還說：好哇，以後我們就叫牠公公，說著，又大聲的叫了兩聲：「公公，公公。」ＬＵＣＫＹ也跟著嘿嘿的笑起來。我突然想起，如果真的把ＬＵＣＫＹ閹割了，牠是不是也變成了娘娘腔？黃金獵犬的外型雖在，但本色卻不見了，想不通是什麼人想的方式，我要找個日子去和王醫師談談，為什麼結紮變成了切割呢？

太不人道了吧！

阿公寫給LUCKY的一封信

（註：這封信已經存檔，現在取出回憶，依然覺得我們最後的決定是正確的。）

LUCKY，告訴你一件事，阿公要帶你去結紮了。

你當然不明白，什麼叫作結紮？

醫師對阿公說，就是把雞雞裡面的一根管子紮起來，再把兩粒蛋蛋取出來，就是這樣簡單，紮起來就好了。

你當然不明白，管子紮起來又怎樣？

紮起來就好了，LUCKY還是LUCKY，還是整天跟著阿公鬼混，吃喝拉撒，一切照常。

LUCKY也許會問，阿公有沒有結紮呢？

阿公不需要結紮了，阿公的那根管子已經堵住了。我只能這樣回答，如果LUCKY真的這樣問我。

LUCKY，阿公從來沒有要為你結紮的念頭，可是自從LUCKY的生活日記在阿公的部落格出現後，很多人都建議帶LUCKY去結紮，但是我一直認為給LUCKY一段正常的成長歲月，一切順其自然，不要搶走你的自由，你應該擁有的，阿公和媽咪不能奪取，你明白嗎？

上次我們出去玩，你在公園內發現人家養的兔子，你從沒見過這種小動物，你一時興起，一個撲殺動作，衝過去，結果把媽咪拖倒在地，媽咪昏倒了，好在只是小小傷害，有過這次經驗，很多朋友都說這是狗狗的暴衝動作，如果結紮後，情緒穩定了，就不會有這種危險行為。可是，我們還是沒有改變原有的心意，給你一個正常的成長歲月。

昨天，有兩個年輕人帶著一隻黃金獵犬從店前走過，沒有拴牠，牠就跟著主人走，很乖，我跑去問他們怎麼有這麼乖的黃金獵犬？他們說，一歲的時候就結紮了，脾氣變得很溫馴，出門時不必拴著牠，牠就跟著主人走。

我就想，如果我帶LUCKY外出，也可以這樣自由自在，多好，為什麼一直要用圈套拴住LUCKY，你的力氣特大，有時會把阿公拉倒，如果在過馬路時，你一個暴衝，後果真的不堪想像，萬一，你把阿公拖倒在路中間，怎麼辦？LUCKY就看不到阿公了。

今早，我又問王醫師，他也贊成給LUCKY結紮，他們自己的狗狗也都做了結紮手術，我又問他會很痛苦嗎？他說給LUCKY打一針，在睡眠中進行手術，只要半小時就結束了。

從此以後，LUCKY變得更乖，隔壁有人回來，LUCKY也不會衝到門口大叫，你會更討人喜歡，更聽話。

以後，阿公早晨帶LUCKY去買早餐，也不需要拴住LUCKY，你很自由的跟著阿公，我們再去逛公園，你可以在公園內跑跳，阿公也不必擔心你一去就不回來了。

我將會和王醫師約妥時間，找個早晨帶LUCKY去診所，阿公會陪著LUCKY，你很快的睡著了，等你睜開眼睛時，阿公就帶你回家了。從此，你的世界又變了一個樣子，更漂亮。

你還記得我們隔壁店家的那條熊哥嗎？牠到現在還沒有回來，上兩次出走，雖然找回來，但是卻染上了性病，好可怕啊，髒兮兮啊，LUCKY雖然不會出走，但是萬一你被馬路上的女生騙走，阿公不是很傷心嗎？

LUCKY和阿公是不能分離的，阿公一定陪著LUCKY做完手術。很快樂的回家。

我寫完這封信，把LUCKY叫到沙發旁，我叫牠趴下，趴在我的腳邊，我就唸給牠聽。牠當然聽不懂，也可能從阿公的表情上，了解一二，我看得出來，LUCKY對結紮很敏感，畢竟，這是跟牠的傳宗接代有關。

我撫摸著ＬＵＣＫＹ的脖子，說：阿公陪著ＬＵＣＫＹ，ＬＵＣＫＹ也陪著阿公，這樣不是很好，一個木瓜兩人吃，不會有人來搶。說著，我從冰箱取出媽咪削成片的木瓜，我們一口接一口，好快樂。

ＬＵＣＫＹ早把結紮那碼事忘了。

但是，結紮是一定的，也許就是下星期吧。

LUCKY的大玩偶！

晚上是那口子的電視時間，看完新聞看韓劇，非看不可。那口子看電視時不許有外來聲音干擾，所以LUCKY很識相，趴在旁邊閉目養神。

那口子看電視時，有個偏好，吃水果，水果之中，又特好芭樂和蓮霧。

那口子的電視時間，也就是LUCKY的水果時間。你一口，我一口，LUCKY永遠是狼吞虎嚥，唯恐媽咪多吃了一片，說實在的，媽咪的吃相也不怎麼樣，因為她也在擔心LUCKY吃得太快，搶走了她的那一份，有時，媽咪的速度比不上LUCKY，就在牠的腦袋拍一下：「慢點，吃相這麼難看，怕我跟你搶喔？」

LUCKY也不抬頭回應，因為喉嚨裡還有一片芭樂，快吃，快吃哦，加油，加油喔，吃完了就可吃媽咪的那一盤，快吃喔。

二十多分鐘，兩個盤子都清潔溜溜，媽咪的注意力又轉到電視上，LUCKY又開始繼續閉目養神。雖然牠的雙眼微閉，但耳聽八方，任何一點吸引牠的聲音，必定有所反應，尤其是盤子互碰的聲音，或是廚房的水聲，牠都睜眼了解，是不是媽咪又在吃香蕉喔？不過，ＬＵＣＫＹ不是很喜歡香蕉，如果確定是香蕉，牠就回到原來的姿勢，繼續牠的養神模樣，不理媽咪。

除了水果對ＬＵＣＫＹ具有極大的吸引力，還有一種現象也很吸引牠：電視上的聲音，你猜什麼聲音？就是大街遊行時的嗆聲，立法院傳出拍桌子打椅子的聲音，ＬＵＣＫＹ都會有很強烈的回應，而且，全程關注，很像是一條關心國是的黃金獵犬。

那天，我晚上回來，和那口子在聊天時，向我透露「ＬＵＣＫＹ很愛電視上的嗆聲」這個發現，又說：「牠還愛看電視打架。」

我們正聊著，電視上突然有了立法院打架的畫面，那口子立刻叫著：「ＬＵＣＫＹ快來啊，打架嘍。」本來ＬＵＣＫＹ在陽台上撒尿，聽到媽咪的招呼，夾著半泡尿跑進客廳，貼著電視看打架，但是當牠貼近電視時，打架場面已近尾聲了，那口子叫著：「不打架了。快點去陽台把半泡尿撒完。」

ＬＵＣＫＹ早就把半泡尿留在地板上了，那口子拿來拖把，處理善後，ＬＵＣＫＹ還在電視邊上等候，也許牠在想，打架這麼快就不打了嗎？再打呀，再打呀。

「ＬＵＣＫＹ有時也會嗆聲。」那口子告訴我。

我不太相信，我只聽過牠唱歌，沒聽牠會嗆聲。ＬＵＣＫＹ唱歌是我教的，但要看牠的心情，心情好就唱，沒完沒了的唱，你聽過野狼在黑夜的山谷中，嘶啞的嗓音嗎？ＬＵＣＫＹ的歌就跟野狼的嘶吼一樣，低沉又沙啞，很有韻味。

「嗆聲和唱歌一樣嗎？」我問那口子。

「不一樣，完全不一樣，嗆聲代表牠的心裡有不滿和氣憤，當然和唱歌不相同。」那口子好似對ＬＵＣＫＹ的聲音很有研究。

「牠什麼時候才會嗆聲？」

「就是牠在不爽的時候。」

電梯門口傳來腳步聲。ＬＵＣＫＹ立刻有了反應，擠到我們的房門邊，很氣的，很大聲的，含著鼻音的叫了兩聲，那口子向我解釋：這就是牠的嗆聲。

那口子又說，牠的嗆聲代表警告，也代表不滿，總之對待陌生人侵入牠的地盤，牠就會先嗆兩聲，再伺機而動。

我頓時有所悟，原來ＬＵＣＫＹ經常銜著我發出鼻孔和喉嚨夾雜的叫聲，就是對阿公表示不滿，為什麼不滿呢？譬如，牠在扯我的拖鞋時，我搶過來，再在牠的頭上敲兩下，牠就不滿，牠在說：阿公為什麼打我？你的拖鞋本來就是我的玩具嘛。

又如牠抱著我的大腿拚命往後拖，我把牠踢開，牠也會嗆，牠在說：我在和阿公玩，阿公為什麼踢我？

總之，阿公就是ＬＵＣＫＹ的大玩偶，也是被牠嗆的對象，牠一天要對著阿公嗆五遍以上。

ＬＵＣＫＹ除了把阿公當作大玩偶，牠還有兩個目標也是百玩不厭：蟑螂和蒼蠅。那口子在廚房準備晚餐，如果發現櫥櫃下方有隻德國蟑螂，叫一聲：「ＬＵＣＫＹ快來，有蟑螂！」聽到這聲指令，ＬＵＣＫＹ必定飛奔過去，順著媽咪的指點，伸出牠的大巴掌，緊接著就是一掌打下，如果蟑螂閃開了，牠就跟著追，再一巴掌，打昏了，然後就用前掌把昏倒的蟑螂撥出來，撥到較大的空間，開始戲弄玩物，假如蟑螂突然醒轉，ＬＵＣＫＹ閃在一旁，靜觀其變，只要蟑螂爬起來要有動作了，又是重重的一掌，嗚呼哀哉！一切都完蛋了！ＬＵＣＫＹ仰起頭來，朝著正在做菜的媽咪發出兩聲警訊，意思是；打死了。媽咪必然摸摸牠的頭，拍著手：好棒呵。

對待蒼蠅，ＬＵＣＫＹ就沒有把握了，十打九空，因為蒼蠅反應快，還不待牠的前掌舉起來，蒼蠅早就飛走，不見蹤影了。ＬＵＣＫＹ有時趴在縫隙中尋找蒼蠅，很認真的樣子，也很搞笑，聽我們的笑聲，牠就來到阿公腿旁，扯著褲管，意思就是：阿公快找蒼蠅出來。如果我沒有回應，牠就死命的咬我的褲子，此刻牠又把阿公當成大玩偶了。

ＬＵＣＫＹ的語言

兩年的相處，我們和ＬＵＣＫＹ已經有了共同語言。

那口子常對我說，你不要以為ＬＵＣＫＹ不會說話，牠心裡明白得很，平時牠的叫聲，就是牠的語言。你應該仔細去揣摩，回味，思考，你就會明白牠在說什麼。確實如此，慢慢的，我體會出來了，感覺出來了。ＬＵＣＫＹ真的有牠的語言，有牠的喜怒哀樂，而且還有牠的情緒反應。

剛開始養狗的人，必然不了解，只要聽到狗狗汪汪大叫，就覺得很吵，阻止牠，但你卻不明瞭牠為什麼叫。狗狗只要張嘴大叫，必定有牠的道理，平平靜靜的時刻，狗狗絕不會叫，牠又不是瘋狗。

我那口子提醒我之後，我開始留意，用心聽ＬＵＣＫＹ的叫聲，很長一段日子，我終於有了心得。我聽懂了牠的一句話。

有天，牠在咬我的拖鞋，我搶過來，牠又搶過去，我又搶過來，同時在牠腦袋上敲了一下。牠叫了，聲音從喉嚨裡發出，而且有點顫抖，那口子坐在客廳看電視，聽到ＬＵＣＫＹ的叫聲，攏過來，問我：「你明白牠在說什麼？」

我搖頭，不明白。

「他在向你抗議。」

「向我抗議？」

那口子很正經的說：「ＬＵＣＫＹ說，阿公為什麼打我？」

我只是警告牠，阿公的拖鞋不能咬，給牠一點教訓。

那口子接著替ＬＵＣＫＹ辯白：「但是牠不能接受喔，牠認為阿公的拖鞋就是牠的玩具，牠高興什麼時候玩就什麼時候玩，你不可以打牠。你打了牠，牠就要抗議。這是很正常的反應。」

我們兩人正在為了拖鞋事件閒聊，ＬＵＣＫＹ又有了新動作，牠叼起另隻拖鞋，用勁的死咬不放，我搶過去，還沒有逮住牠，牠卻把拖鞋拋得老高，拖鞋落下來時，正巧砸到牠頭上，樣子很逗笑。我和那口子笑得前仰後合，ＬＵＣＫＹ卻在身前身後找拖鞋，當牠發現拖鞋就在腿後時，又衝著我咆哮，喉間又有餘音，很像喉嚨裡被痰堵住了，就是那種聲音。

那口子問我：「你明白牠的意思嗎？」

「不明白，牠又在向我抗議嗎？」

那口子說，ＬＵＣＫＹ並沒有叫，只發出嗯嗯的聲音，不代表抗議，牠是疑惑，疑惑拖鞋怎麼會打牠？

這時，ＬＵＣＫＹ正伸出小手在撥弄拖鞋，那口子說：「你看，牠在撥弄拖鞋，意思就是問拖鞋，你為什麼打我？」

我笑得很急，差點喘不過氣來，我笑著指著那口子說：「妳成了ＬＵＣＫＹ的翻譯官，牠說什麼妳都明白，甚至連牠心裡想的妳也明白。完全是在唬弄我這個老阿公，騙人啦。」

我們聊了一會，韓劇也差不多播完了，ＬＵＣＫＹ看到電視畫面的變化，判斷也到了吃水果的時間，便跑到陽台把塑膠盒叼進來，送到媽咪的腳邊，而且不停的擺弄盒子，這個動作我明白：「吃水果嘍！」

ＬＵＣＫＹ擺動牠的大尾巴，很高興。剛才拖鞋打牠的事，早就拋諸腦後了。

我說過，ＬＵＣＫＹ和媽咪都愛吃芭樂，搶著吃，ＬＵＣＫＹ總是吃完自己盒裡的一份，再搶媽咪的芭樂。搶不到嘴，就耍賴，耍賴的方式就是一種古怪的叫聲，很難形容，但我聽得懂：「我也要，我也要。」

等到我吃木瓜時，ＬＵＣＫＹ掉頭到腳邊，先是舔我的腳跟，再搖尾巴，公關建立好之後，第二個動作出來了，就是小手搭在我的大腿上，很輕微的，如果我還沒有反應，小手便用勁了，搭在大腿上的小手開始變成抓弄，有些痛，這時我只能把木瓜塞到牠的嘴裡，木瓜比芭樂更容易吞嚥，一盤木瓜我只吃了三分之一，全被LUCKY包辦了。

時間差不多了，LUCKY趴在地上，該睡覺了。我回到電腦室，觀看當天的晚間新聞，再開始明天的準備工作。LUCKY每夜都會守在我的門口，雖然睡著了，但偶爾也會翻開眼皮，看看阿公有沒有打盹。

我每夜都會在睡前喝杯小酒，LUCKY沒興趣，但會注意我的動作，有時，我也會買些吃食下酒，譬如花生或豆干類，只要我桌上有可吃的東西，牠是不會放過的，狗的鼻子特別靈敏，只要我打開小餐盒，即使牠看不見，但早就嗅到香味了，很快就趴在我旁邊，等候接一口美味。有時，牠在客廳玩球，只要聽到阿公在打開塑膠盒，那麼細微的聲音，牠也能立即奔了過來，唯恐少吃了一口。談到吃，LUCKY是絕不能吃虧的，吃包子時，牠一口一個，我兩口一個，牠的動作快，目的就是吃完之後，可以爭搶阿公這份，有時我有言在先，各吃一盒，牠似懂非懂，即使聽明白阿公的意思，但也會裝糊塗，只要有機會多吃一粒包子，也是絕不放棄。看到這副模樣，那口子免不了又要吼牠：注意吃相，吃太快會噎死呵！

LUCKY喉嚨發出嗚嗚的反應，可能在回應媽咪：我知道啦，不會噎死啦！嗚嗚的聲音消失了，原來一個包子又吞了下去。

酒喝完了，桌上的吃食也消化了，我摸著牠的腦袋，說：「LUCKY可以放心的睡覺了。」

有時，我在電腦椅上閉目沉思，ＬＵＣＫＹ則趴在門口，也是閉目小睡，如果我很長時間沒有上床，牠會進來拉我襪子，如果我依然不動，牠就大叫，我睜開了眼睛，拍拍牠的脖子：阿公要休息一會，等一會也要上床睡覺了。

我心想，如果有天，阿公一睡不醒，ＬＵＣＫＹ怎麼辦？起碼牠少了一個大玩偶，牠會好寂寞！

有朋自大陸來：滿街都是野狗！

有位朋友從武漢來台參訪，環繞台灣一周後，即將返回大陸，我問他有什麼心得？朋友回答得很直截了當：狗太多，走到城市或鄉村，處處都是野狗。

朋友反問我：這是怎麼回事？台灣人家都在養狗嗎？我沒有正面回答他，支支吾吾的搪塞過去，我怎能說，滿街都是流浪狗呢？怪難為情的。

我也問到大陸的養狗問題，他說，都有戶口登記，一隻也跑不掉。原來，大陸在改革開放初期，規定城市中不許養狗，尤其在北京、上海、南京等大城市內，嚴禁養狗，一旦察覺，罰款之外，還要把狗帶走。但是這條禁令卻管制不了愛狗人的興趣，上有政策，下有對策，政府不許養狗，愛狗人就偷偷養，藏在閣樓上，放在頂樓上，只要躲開警察的視線，狗狗照樣是家中寵物。

但是狗狗不是標本，是活的，是活蹦亂跳的動物。你寵愛牠，卻不能封閉牠的嘴，牠一旦不爽，大鳴大放的叫起來，鄰居便知道了，大陸的鄰居很多三姑六婆，這些婆婆媽媽都是警察的線民，通報一次，有五塊錢獎金可領，當然要通報，因而，偷偷摸摸的養狗也很難成功。經過了很多年的掙扎，政府發覺愛狗人越來越多，如果這樣暗地飼養，一旦有了傳染病蔓延，後果更糟，何不化暗為明？但卻有很多配套措施，譬如建立狗戶口、定期檢查、定期注射疫苗等等。管區警察在查戶口時，也要點名狗的數量，不許有黑戶口存在。原先張家有一條狗，半年後變成兩條狗，警察就盤問多出來的這條狗怎麼來的？可能就會出現下列的對話：

「這條狗怎來的？」

「大狗生的小狗。」

「報戶口了嗎？」

「沒有。」

警察立即開罰單，同時把小狗抱走。

我有位朋友就是大狗生了小狗，沒有報戶口，開了二百元罰單，小狗還被抱走。後來透過關係，小狗總算抱回來了，但罰金加一倍，而且補辦戶口登記。大陸就是這麼嚴格的管制狗的流量，所以，一個蘿蔔一個坑，不可能出現流浪狗，再說，管區警察在查戶口時，如果發覺張家的狗不見了，也要盤問。

「你們的大黃狗呢？」

「前天死了。」

「有死亡證明嗎？」

「忘記開證明了。」

管區警察會給飼主三天時間，補辦死亡證明，拿不出來，也要罰金，金額也很高。如果飼主說，大黃狗送給朋友了。管區警察就要調閱遷出戶口證明，拿不出證明，也要罰金。

因而，每條狗從出生到死亡，都有戶籍登記，不可能漏掉，尤其在城市更不可能出現沒有戶口的黑牌狗。大家遊走北京時，你在天安門前見過流浪狗嗎？你在王府井大街上看過晃來晃去的流浪狗嗎？沒有，絕對沒有。但是在台北市的博愛特區內，你就見過三三兩兩的流浪狗。司空見慣，大家也就見怪不怪了。

在台灣想要取締流浪狗，很難，因為缺乏公德心的人太多，比流浪狗還多。愛牠的時候，捧在手裡，對牠厭倦時，棄之如敝屣，巴不得把牠拋得遠遠的。

大陸人是不是比我們台灣人更有公德心？也不見得，但是大陸有一套制度專對沒有公德心的人，所以，我們在大城市見不到流浪狗四處遊蕩。

在台灣取締流浪狗還有一道障礙，那就是替流浪狗請命的人士很多，只要相關單位的取締行動稍稍積極一點，立刻就出現抗議團體，立法委員也出來了，只要有立法委員攪和，很單純的事也變得煩瑣，所以嘛，台北的大街上要變得跟北京王府井大街一樣乾淨，真是不太容易。

愛狗，也請愛護環境衛生！

如果，把滿街的狗屎都歸罪到流浪狗身上，這是相當不公平的評比。因為，在滿街的狗屎當中，就有很多是寵物的留痕。

為什麼？因為飼養寵物的主人太缺乏公德心了。

有幾年，我住在一棟大樓的二十二層，每天早起和黃昏時刻，只要站在陽台，居高臨下，就能看到公德心蕩然無存的畫面，很多養狗人家各自牽著寵物出來活動，其實就是大小便，有些家庭為自己居家的清潔，訓練寵物每天外出活動時，才能就地解決。所以，在早晨或傍晚，各型名犬都出來，大樓對面的安全島就成了寵物的公共廁所，這種現象觀察了兩個月，我受不了了，向大樓的管理委員會反應，沒有回答，後來碰上年度的大會召開，我想這是個好機會，於是提出禁止在安全島放縱寵物大小便，按大會規定，只要有提案就必須舉手表決，結果，在一百多名住戶代表中，只有三個人同意我的說法，我失敗了。

我並不失望，但是我有些納悶：住在這棟大樓內的住戶都是社會精英，不是會計師、醫師、工程師、大學教授，就是經營大公司的老闆，為什麼他們沒有公德心呢？

百思不得其解，每天清晨和黃昏，依然是各家名犬上公共廁所的時間，我站在陽台，拍了很多照片，照片沖出來後，發現每個狗主人都是一副理所當然的表情——「只要我喜歡有什麼不可以？」遠眺這些知識分子的動作，我真的心灰意冷，我想搬家了。

既然我無法改變現狀，我總可以躲開這個環境吧？在我找房子的空檔，我每天早晨拿著掃帚和塑膠袋，在大樓門前守候，只要看到有人在安全島上放封，我就走上去清理，我這樣做了三天，收效了，最起碼沒有人在大樓門前的安全島上視若無睹的任由寵物大小便了。

我不能理解他們是怎樣解決這個問題，但起碼收斂不少，明目張膽的手法消失了。

後來，我發現有人開始用塑膠袋來清除自己寵物的糞便，真的功德無量呵。

沒多久，我就搬走了。隔了半年，我又回到大樓，走了一趟安全島，清潔多了。我就想，很多事只是不想做，只是想方便，不去計較大環境的衛生。如果，大家都抱著得過且過的心態進出大樓，大樓裡面是乾淨的，但是走出大門就要窒息了。

一陣刺激過後，大家就回到正常的生活規律，要蹓狗，別忘了隨身帶一只塑膠袋！

一個人的舉手之勞就換來大環境的美化，何樂而不為呢？

她們，包養了一窩土狗！

我們過去開餃子館的馬路對面，有一塊面積不小的空地，可能是建商購得後，房產下降，因而擱置未動。雜草叢生，蚊蠅飛舞，最明顯的景觀則是形成了流浪狗之家。

有年夏天，每天黃昏時分，各個流浪狗的部落紛紛出現，各聚一方，等候善心人士的免費晚餐。我就坐在對面的一把竹椅上，觀賞流浪狗的動態，別看牠們互不來往，但是各自的餵養人出現時，必定很有秩序的取走食物，其牠的狗狗不會爭相搶食。原來，狗狗也有規矩，有法條，雖然大家都聽過「狗護食」的衝動，但在這塊空地上，我還沒見過為了一根骨頭咬得鼻青眼腫的場面。也許，同是天涯淪落狗，大定相互照顧吧？

我很注意一對姐妹，她們都在六點左右來到空地邊上，她們開著一輛廂型車，停車後，拉開車門，只是這個拉車門的動作，立即就招來她們的班底，一群大大小小的白色土狗，我數一數，總計十二隻，一律白色。

有天黃昏，她們來得晚，大小土狗雖然沒有時間概念，但卻知道吃飯的時間到了，怎麼主人還沒來呢？大狗領著小狗，在路邊，一字排開，望著過往車輛，當路燈亮起時，廂型車出現了，那隻大狗一聲嘶喊，緊接著就是隨聲附和，很像那聲：「歡迎歡迎，熱烈歡迎。」

車子停靠妥當，兩姐妹從車內端下食物，我攏到馬路對面，看牠們吃晚飯，兩姐妹不像一般的善心人士，拿出剩菜剩飯餵狗狗，而是新鮮的自助餐，我問了一句：都是剛剛買的嗎？個子較高的姐姐說：就是為了等這些沒有鹽的菜，所以來晚了。

原來，狗狗不能吃鹽，她們每天都在一家固定的自助餐店訂作無鹽蔬菜，今天因為餐館生意好，延誤了她們的訂單。

一邊分配食物，一邊點數狗狗的名號，她們發現今天缺少一隻，就是一隻患了小兒麻痺的小土狗，姐姐指點妹妹進入草堆尋找，找到了，原來小土狗行動不便，急著跑出來，卻被一根樹枝絆倒，正在用勁的擺脫樹枝，妹妹把牠抱出來，把分出來的一盒菜飯送到牠的面前。

我看到這個動作，真的很感動。我也相信任何人都會感動。

當各大小狗狗將要吃完自己的晚餐時，姐妹倆又把大袋子的礦泉水取出來，倒了兩大盒，供一天缺水的狗狗喝得痛快。當狗狗吃飽了喝足了，兩姐妹馬上登車，原來她們要趕去夜市，擺攤做生意，她們的攤位是出售女孩子的飾品，一個晚上也有一千元左右的生意。

我問她們，既然喜歡狗，為什麼不抱回去？姐姐回答我：家裡已經收容了三隻，沒有空間再接受流浪狗。但是她們會把這些大小狗養大，這是這對姐妹的心意。

見過這對愛狗的姐妹花時，我還沒有打算飼養一條狗的念頭。但是由於這對姐妹花的愛心，觸動了我也開始關心流浪狗的心情。

我每天都是在傍晚到店裡工作，客人不多時，我就坐在店門口的一把竹椅上，這對姐妹的很多小動作，都能打動我的心境，我知道我們真的應該關心流浪狗。

幾乎每天黃昏時分，當這對姐妹來到空地時，大狗領著小狗就聚集在一堆，牠們吃飯的時間到了。姐妹說，牠們一天只吃一頓，有時餓極了，只能在附近撿拾垃圾果腹，大多數時間都是等候她們的出現。

由於她們的車子抵達時，每條狗狗都已餓得發昏，所以分到食物時，必定是狼吞虎嚥，很快就一掃而空，唯一跟不上開飯時間的，只有那隻一拐一拐的小白狗了，看牠的樣子，很急，很餓，唯恐自己的一份被大狗吃光了。兩姐妹明白牠的心理，妹妹總是跑到草堆中，把牠抱出來，而且守在牠的身邊，陪著牠吃完晚餐。而姐妹也都在小白狗吃完晚餐後，感覺今天的工作已經完成，兩人才登上廂型車，趕去夜市。

這種對動物的愛心，我從來沒見過，我對兩姐妹的每個動作都很感動。我的內心有了飼養一隻狗狗的意念。

有很多次，當那輛廂型車開到草堆旁邊時，我看到那隻小白狗從草叢中伸出頭來，趴在草堆上，一動也不動，等到妹妹攏過去抱起牠時，牠興奮的用舌頭舔妹妹的胳臂。那模樣就像撒嬌一樣。「別看牠走路不方便，但頭腦很清楚，牠懂得撒嬌耶。」妹妹告訴我，她很想抱牠回家，可是家裡太擠了，沒有空間，也是莫可奈何。

妹妹還告訴我一件事，她說，她和姐姐在夜市擺地攤，並不是家庭生活的需要，她們出來的目的，就是供養好幾條流浪狗，除了家裡的三條，現在又多了這窩土狗，每晚賺的那點錢，也只夠打理這些流浪狗。聽了妹妹的描述，我真的有些動心，也希望收養一條流浪狗，那時我也沒想到會和LUCKY結緣。

颱風來了，姐妹倆依然出現在土狗家族的空地，颱風的日子，雖然夜市攤位不能擺，但是狗狗卻不能餓肚子，所以她們準時來到草堆旁。這天，颱風剛走，姐妹倆必然出現，但是妹妹在草堆中尋找很久，不見那條愛跟她撒嬌的小白狗，她跑來告訴正在分食的姐姐，姐妹倆一同尋找小白狗，摸索了一陣，找到了，妹妹抱著小白狗走出草堆，我也攏過去，只見小白狗身上有傷，眼睛閉著，小白狗死了。

姐妹倆在流淚，不停的哭泣。

妹妹抱著小白狗，注視著牠。淚水淌在小白狗的身上，我想，小白狗如果有知，也該滿足了，因為牠來到這個世界，在這個不受關愛的世界上，竟然還有一對姐妹如此的付出，對待牠的家族。小白狗雖然走了，但也享受到愛護，雖然時間也僅兩個月而已。

昏黃的路燈投射在兩姐妹的身上，流浪狗家族還在吃著晚餐。

妹妹抱著小白狗，自言自語的說，牠是被掉在草裡的電線勒死的，自已想掙脫，但越掙越緊，死了。姐姐從車上取出擺攤的塑膠布，包起小白狗，上車回家。妹妹說，送到動物葬儀社去火化。

姐姐說，牠是流浪狗，但我們也要給牠最後的尊嚴。

聽到這句，我哭了。

兩姐妹有兩天沒出現在馬路對面的草叢中。有位小姐在路燈打亮之前，會帶來食物餵流浪狗。我問這位小姐，那對姐妹還會來嗎？

小姐說，她只是替她們來餵狗，隔兩天她們姐妹就回來了。流浪狗雖然很餓，但是看到陌生人，有點害怕，站在一個安全距離，一直等到陌生人離開，牠們才一擁而上，飽食一頓。

兩天後，兩姐妹回來了，原來她們在忙著為小白狗料理後事，她們花了三千元，把小白狗火化，安頓在動物納骨塔內。休息了一天，她們又回來了。

妹妹說，按照她們的計劃，原本是等小白狗長大後，找技師替牠設計一套拖車，把小白狗的腰部以下，安置在拖車的後座，只要牠的前腳活動，後半身也跟著移動，就跟走路一樣。但是，小白狗沒有這份造化，先走了。

姐姐說，小白狗先天註定當流浪狗，但牠死後，我們不再讓牠當流浪狗，我們每個月會去納骨塔餵牠一次，牠愛吃雞腿，我們除了狗狗飼料，還給牠準備了雞腿。我心想，小白狗真的得到了最後的尊嚴。牠有幸遇到這對愛狗的姐妹花。

時隔一年，購地的地主又來整地一次，整地之前，平時聚集在此的各族流浪狗統統各奔東西，再加上環保局的打狗隊經常出現，流浪狗來到這兒，也只是短暫停留，觀望片刻，立即離去，而那對姐妹也就沒再出現了，因為她的任務已經完成了。

前兩天，我帶著LUCKY來到空地旁，空地周邊又經過整理，我蹲下來，對LUCKY講那條小白狗的故事，LUCKY似懂非懂，也可能根本不明白阿公在說什麼？

我只說了一段，小白沒有阿公帶出去玩，LUCKY望著我，也許有點明瞭我的意思。

路燈又亮了，下雨了。

我牽著LUCKY在空地周邊繞了一圈，我又看見那個小白的影子，後半身一拐一拐的朝著路邊趕去，因為牠看到那對姐妹。吃飯了。

我再也看不到小白了，牠來得不是時候，走得也太快了，那對姐妹為牠訂作的輪椅還沒有完成，牠就走了，可憐的小白。

但是，小白卻是獲得人給牠的尊嚴，夠了！

Part4

LUCKY的喜・怒・哀・樂

開飯嘍，好高興！

奮起湖便當店老闆在我們離開之前，說了一句話，很貼切，到今天我還記得，他說：這都是人在造孽，留下流浪狗無辜受害。

很多人都喜歡趕流行，記得在我唸小學時，台灣因為一般家庭生活很清苦，突然就興起了養雞的熱潮，養一種來自美國的來亨雞，這種雞關在籠子裡養，一個月可以連續下蛋二十五天，如果養兩隻雞，集攢到十幾個雞蛋就可以提到市場出售，很多家庭主婦就是靠著賣雞蛋貼補家用。因為大家都在養來亨雞，來亨雞就不值錢了，雞蛋也一路下滑，我們家也找來一個肥皂箱養來亨雞，養了兩隻，後來只好自己家天天吃雞蛋了。

養狗也是近二十來年的風氣。有人看到外國進口的大型狗受寵，於是投資養大型狗，還有人到郊外找塊空地，闢建為養狗場，大量的養。在熱門時，小狗還沒出生，就被狗販子下了訂金。養狗場的主人只顧著大量繁殖，對於品種的挑選根本沒有講究，甚至近親交配也不去理牠，於是就出現很多血統不良的大型狗，雖然如此，但是家中養一隻大型進口的狗，也是時髦，帶到公園蹓狗也很風光呵。可是這類近親交配的狗狗在成長後，問題出現了，有的甚至帶來髖關節疾病，醫藥費也相當可觀，有的飼主心灰意冷，寵物漸漸失寵了，於是任意的放逐，自生自滅，由牠去了。

有些大型狗因為食量太大，小時候可愛，四個月就成長到三十公斤左右，如果沒有合適的空間，在照料上也很困難，牠又失寵了，就成了奮起湖的流浪狗。但是放逐的主人在把一條可愛的狗狗拋棄荒山野地之前，有沒有思考過，牠也曾給你們一家老小帶來快樂，如今，說不要就不要，何其忍心呵！

其實，大型狗在食量上比小型狗多很多，但是有規律的飼養，每天花費也不多，就拿我們的ＬＵＣＫＹ來說，我們都以飼料為主食，在牠三歲以後，開始調整，每天兩餐，牠的早餐很豐富，因為牠就跟媽咪共進早餐，早餐的內容是：吐司麵包兩片、蘋果半粒、熟地瓜一粒、低脂鮮奶一杯。這是ＬＵＣＫＹ最高興的時光，因為牠就趴在媽咪身邊，眼睛瞪得很大，注意媽咪吃什麼，牠就吃什麼，而且都是牠最愛的食物。

ＬＵＣＫＹ瞪著大眼望著媽咪的用意，就是唯恐媽咪吃得比牠多，如果媽咪吃了半片吐司，卻沒有給牠半片，牠就伸出前爪搭在媽咪的腿上，意思是，妳多吃了，ＬＵＣＫＹ還沒吃，也就是必須媽咪一口、ＬＵＣＫＹ也不能少一口。早晨我望著人與狗之間的互動，確實可愛極了。我會很感動。同時，我對自己堅持著把LUCKY抱回家來，也更加肯定了。

早餐吃完，中午不必再吃，就等晚餐了。有時我在外面吃大眾化的自助餐，也會買半片排骨給LUCKY，所以每到中午，牠看我要出門，就會搖著大尾巴，意思是；阿公，別忘了我的一份呵。如果我沒有帶回排骨，牠就很失望的瞪我，或者會咬我手掌，LUCKY生氣了。我必須拿兩片餅乾，作為失信的補償。

晚餐就是一小碗飼料，以前，我們也買進口的飼料，多次經驗的累積，我明白了，國產的飼料也是很好的搭配，也有雞肉、牛肉、羊肉等等，而且混合了蔬菜，營養應該夠了，有的家庭對寵物就是寵愛之至，偏偏花高價買進口飼料或是買更高價的狗罐頭。但是我們改用國產飼料後，LUCKY也是吃得津津有味，國產飼料每包都在十二公斤以上，六百元一大袋，夠吃兩個多月，確實是達到「俗又大碗」的經濟效益。每隔十天左右，我會在哈囉市場買一片雞胸肉，白水煮熟後，每餐撕幾條肉絲，LUCKY就很滿足了。

豬肝和牛肉也是牠的最愛，這些只是給牠換換口味，不能天天吃，養成習慣就會挑嘴了。大家切記，鴨肉可以餵，但不能連骨帶肉的餵食，因為鴨骨的骨質很脆，咬碎後就變成針狀，尖銳鋒利，吞入腸胃很易造成腸胃破裂的後果，送醫急診又是一筆花費。

有次我們吃豬腳，骨頭就給LUCKY啃食，沒料到次日發現，地板上都是牠嘔吐的痕跡，送到王醫師診所急診。王醫師聽了我的描述後，哈哈大笑，他說豬腳不能給狗吃，因為豬腳骨太硬，牠咬不動呀。我說，狗狗不是都能啃骨頭嗎？王醫師說，但是狗狗啃骨頭也是啃能咬得碎的骨頭，豬腳骨太硬，狗的牙齒還比不上豬骨的硬度，經過打針服藥，ＬＵＣＫＹ又開始進食了，但也足足休養了兩天。

每天晚間九點以後，吃水果的時間到了，只要看到媽咪端出水果盤，還有一把水果刀，牠就開始興奮，早些時期吃芭樂，自從吃了香蕉後，牠對芭樂就沒興趣了，入冬後，林邊的蓮霧上市了，紅紅的，很顯眼，而且有點甜又帶點酸，很合牠口味，香蕉又被排斥了，改吃蓮霧。大型的蓮霧分兩口一個，每次看牠狼吞虎嚥的樣子，必定免不了一頓教訓：慢點吃，當心噎著。看著ＬＵＣＫＹ的吃相，我明白牠的用意，牠是想快點把自己的一份吞下去，再來搶阿公的一份，我是牙口不好，半個蓮霧要嚼很久，所以ＬＵＣＫＹ吃完嘴裡的蓮霧就來到我身邊，也不會打個招呼，搶了就走，我都是笑臉以對，那口子每次都要開訓：「這就是你把牠慣壞的呵，真的沒家教！」

冬天來臨，各種大梨上市了，最早出現的是高山接枝梨，很貴，一粒要八九十元，水分多，甜度又高，ＬＵＣＫＹ很合口味，每餐必定吃半粒，每晚我只能吃四分之一，多餘的又被牠沒家教似的搶走了。

吃水果是一天的完結篇，我必定會在電腦房喝杯小酒，這是少不了的壓軸戲，ＬＵＣＫＹ看我拿起小玻璃杯，慢慢的抿嘴品嘗時，牠不動，牠明白這是阿公的東西，牠就趴在電腦門口等，不進入，但可以對室內一切一目了然。為什麼會這樣？

因為有幾次我在喝酒吃著花生糖時，被牠看見，牠對高粱不敢碰，但對花生糖卻是愛得不得了，牠跨入電腦室，叼一塊花生糖，立即退出，吃完再進來。我的一杯小酒喝完，牠起碼叼走了三塊花生糖。

有時，我關起電腦室的大門，越是如此，越是提高牠的疑心，牠在門外用大尾巴掃門，如果沒有應牠，牠就發出來自喉嚨的嗚嗚聲，意思是：「阿公你在偷吃呵，LUCKY也要進來。」我堅持不開，牠堅持非要進來，最後門推開了，媽咪出現了：你為什麼不開門？你不知道LUCKY是很討厭關門的嗎？

我失敗了，有天我喝酒配辣椒炒小魚干，LUCKY又趴在門口了，我夾一尾小魚干，牠吐了出來，辣的，受不了，我想這是好辦法，今夜可以安穩的喝完小酒了，但是試了幾次之後，又不靈了，因為牠雖畏懼小魚干，但是牠卻不許阿公吃獨食，牠在我身邊甩起大尾巴掃我的大腿，又癢又麻，於是，我向牠妥協了，我依然嚼著下酒的小魚干，LUCKY就咬著寵物店買回的小饅頭，一場糾紛終告平息。

小酒喝完，一天的節目到此告一段落，我要進房睡覺了，LUCKY必定會守在門口，四腳貼著地面，等著和阿公說再見，我必定會弓下身子，摸摸牠的大耳朵，拍拍牠的肩膀，嘴裡還要唸著：LUCKY乖乖，再見呵。

喜怒哀樂

日夜相處，我從ＬＵＣＫＹ的表情上，可以了解牠的心境。

喜

每當我們要出門，而且把大樓公用的推車推到房門口時，雖然我還沒有進來，但ＬＵＣＫＹ聽到了推車的滾動聲，牠就開始興奮了，跑進跑出，因為只要推車出現，牠就明白要出遠門了，而且必定少不了牠。

我們把各項配備抬上車，ＬＵＣＫＹ就在推車前打轉，偶爾還會從喉間傳出兩聲沙啞的喊聲，表示：阿公快點啦，快點啦。

如果那口子板下面孔，喊牠：坐到沙發上去，不許動。ＬＵＣＫＹ立即就會趴倒在沙發上，不再動彈，因為牠唯恐媽咪不帶牠出去。但沒有三兩分鐘，又開始活動，跳下沙發，繼續圍著推車打轉，當媽咪把那根套圈拿在手上，要為牠套脖子時，且看那種篤定又高興的表情，真是可愛之至，因為套上背圈，就等於一切搞定，拍板定案了，這次出門果真少不了牠了。

怒

我被ＬＵＣＫＹ咬過，而且跑去醫院掛急診。因為牠真的發怒了！

記得那回的起因是我想拿走一塊骨頭，ＬＵＣＫＹ剛滿一歲，牠趴在地板上，死命的抱著一根骨頭，用力的啃食，事實上，這根骨頭已經啃了半天時光了，牠在打瞌睡時，骨頭也不離身邊，睜開眼睛就要啃幾下，我看得心煩，走過去，拍拍牠的頭，摸摸牠的肩膀，說：「骨頭很髒了，阿公給ＬＵＣＫＹ換餅乾好不好？」

牠明白我的意思，但兩隻前爪仍緊抱著骨頭，頭也不抬，但眼睛在瞄我的動作，我又拍拍牠的頭，牠從喉間發出嗚嗚的聲音，表示牠生氣了。

以後我才發現，ＬＵＣＫＹ在發怒時，鼻子也會皺起來，原先的表情完全消失了，一副很兇的樣子，可能牠在暗示阿公；不要動呵，ＬＵＣＫＹ要發脾氣了。

我沒有在意，我趁著牠在抓癢時，伸手搶走骨頭，但牠的動作比我還快，立刻在一聲怒吼下，在我手上咬了一口，鮮血噴了出來，我呆住了，我絕沒料到LUCKY會有這種動作，我用止血膠布按住傷口，但沒有用，血一直在流，我奔去醫院掛急診，醫師為我注射狂犬疫苗，破傷風疫苗，再把傷口止血，包裹起來，回家了。

回到家，LUCKY抱著的骨頭不見了，看到阿公回來，也沒有反應，不知是在懊惱還是在後悔。那口子告訴我，已經教訓了牠一頓，骨頭被丟到垃圾桶裡了，媽咪在拿走骨頭時，LUCKY並沒有反抗，顯然是知道自己又闖禍了。

隔天我問王醫師，為什麼LUCKY會咬我？王醫師說，任何狗都不能接受別人搶牠的食物或是牠喜愛的玩具，只要有這個動作，牠就會翻臉，而且六親不認。我明白了，原來如此。對了，有句話說得很明白：狗護食。牠必須保護自己要吃的東西，只要有人想奪走，牠就會翻臉。LUCKY就是在這種心情下，衝著阿公翻臉的。

哀

有時，我和那口子鬥嘴，聲音如果很大，LUCKY就會感覺出不對勁了，又在吵架了，牠的第一個反應就是前爪伸在前面，後腿打直，頭部貼在地上，但是眼睛還保持一定視界，觀察我們會有什麼進展。牠的心裡必定很煩，但又插不上嘴，只好做出這種無言的抗議。如果我們說話聲音很大，但兩人的表情卻是嘻嘻哈哈，ＬＵＣＫＹ明白這是在說笑，牠也有表情，牠就在一旁搖尾巴，跟著我們的聲音起舞，日子越久，人狗之間越能溝通，我們之間確實有了很好的默契。

樂

晚間，是ＬＵＣＫＹ最快樂的時光，因為要吃水果嘍。牠對任何水果都有好感，但是最近對芭樂缺乏胃口了，因為比芭樂更好的水果——梨子上市了。牠特愛吃梨，每當水果端出來，ＬＵＣＫＹ必定是跳著走路，必定要找個最適當的位置，目的就是要能看到桌上的水果，而且能監視阿公和媽咪的動作，誰也不能多吃，但是牠比我們吃得多，因為牠的動作快，阿公的一片還沒吞下，牠已經啃去了半個梨，有時動作太快，卡在喉間嚥不下去，做出很難過的表情，就會被狠狠的教訓一頓，教訓完畢，繼續搶阿公手裡的梨。當全盤皆空時，ＬＵＣＫＹ心滿意足的趴到沙發上，打算睡覺了，睡到半夜，傳出怪叫聲，那口子推醒我：ＬＵＣＫＹ又在說夢話了。

我明白，ＬＵＣＫＹ必定在說，阿公吃得比ＬＵＣＫＹ多。梨！

媽咪回娘家！

我那口子回娘家探親，家中只有我和ＬＵＣＫＹ，很無聊。那口子出發前一天下午，依然領著ＬＵＣＫＹ到頂樓陽台運動，有一架飛機從上空通過，那口子對ＬＵＣＫＹ說，媽咪明天要坐飛機喔，ＬＵＣＫＹ要聽阿公的話，阿公也會帶ＬＵＣＫＹ來這裡跑步。如果，阿公下午沒有帶ＬＵＣＫＹ上來，ＬＵＣＫＹ就咬阿公。

第二天，那口子回娘家了。留給ＬＵＣＫＹ的叮囑，牠只記住兩項。

一、只要聽到飛機的聲音，牠就趴在沙發上張望，媽咪是不是在飛機上面？

二、下午五點左右，如果我還在打電腦，牠就不耐煩了，跑過來，很不客氣的咬我，因為媽咪交代的，時間到了，阿公還沒帶ＬＵＣＫＹ上頂樓，就去咬阿公。

這兩天，我為了免除皮肉之苦，不等牠過來動嘴，我就大叫一聲：「上樓嘍。」先穩定軍心再說。

到了頂樓，LUCKY玩得開心，跑步跳躍，又在草坪上挖土，兩歲的LUCKY就像一個孩子，玩得正高興時，突然，有架飛機過來了，LUCKY立即停止活動，仰頭看天，當飛機飛到頭頂，LUCKY就會發出嗯嗯的聲音，心裡莫非在想，媽咪坐飛機，怎麼不帶LUCKY一同坐？飛機消失在遠空，LUCKY又恢復了活動。

當天晚上，那口子打電話來，沒有和老頭子聊天，第一句話是：LUCKY在幹什麼？吃芭樂沒有？那口子叫我把話筒放在LUCKY耳邊，我拉住LUCKY，貼著電話，那口子從遠方傳來LUCKY的呼喚，LUCKY興奮得跳起來，又奔到臥房找媽咪，沒找到，又過來咬我，也許是叫阿公帶LUCKY去找媽咪。我摸著牠的脖子，安撫牠，說：媽咪出去了，過兩天才回家。LUCKY聽不明白，一直咬我，可能牠認為我把媽咪藏起來了。

早晨起來後，LUCKY的習慣是跟著媽咪一同吃早餐，內容就是烤麵包、芭樂或是蘋果，我平時沒有吃麵包的愛好，特別到樓下早餐店買三明治，平時，媽咪只給LUCKY吃半個蘋果，我懶得切，一個蘋果都給牠，LUCKY吃得開心，吃過之後，我就對LUCKY說，阿公要去游泳了，你在家裡，不要撕報紙，不要啃拖鞋，阿公回來給LUCKY吃蘋果。

這個家沒有媽咪還真不行，LUCKY在第一天就生悶氣，不吃不喝，等到晚上接到媽咪的電話，才又恢復正常生活。

那口子回去好幾天了，我每天和LUCKY在一起打混，在打混的日子裡，我有個重大發現，ＬＵＣＫＹ很懂得關懷阿公。

每天黃昏都要去頂樓跑步，二十多分鐘，這是ＬＵＣＫＹ最感高興的時刻。我們的樓層和頂樓陽台，還有兩段樓梯，雖然電梯可達，但ＬＵＣＫＹ習慣跑上去，我也只好跟著跑，第一天上樓之前，我就對牠說：ＬＵＣＫＹ要在樓頂上等阿公喔，阿公跑不動了，知道嗎？

ＬＵＣＫＹ喉嚨間發出嗚嗚的聲音，意思就是ＬＵＣＫＹ明白了，要等阿公。

我拉開鐵門，每天放封的時間到了，ＬＵＣＫＹ就像一股風似的竄了出去，不見了。

我心想，ＬＵＣＫＹ出了門就把阿公忘了。拐個彎，我到了樓梯的高一層，ＬＵＣＫＹ就趴在梯口等我，兩眼盯著我，舌頭伸得老長，嘿嘿嘿，在笑。見到阿公到頂樓口，牠就攏過來，舔我的腳跟，我拍拍牠的肩頭，說：ＬＵＣＫＹ真乖喔，在等阿公喔。我把手裡的餅乾給牠一片。

我們到了頂樓陽台，ＬＵＣＫＹ開始活動，頂樓的上面還有頂樓，牠總是習慣性的跑到最上層的頂樓，我也只好跟著爬上去，ＬＵＣＫＹ登樓梯就像撐竿跳，一轉眼就到最上層，我還在一格一格的向上爬，ＬＵＣＫＹ記住了阿公的叮嚀，上到頂層時，牠停止步子，轉頭望著阿公，等阿公上去。

在活動的空間，ＬＵＣＫＹ自由奔放，我就坐在石台上，吹著涼風，也是愜意。ＬＵＣＫＹ在空曠的草地上，跑來跑去，但牠每當奔跑一陣子，就會回到阿公吹風的石台旁，衝著阿公吐氣。可能牠擔心阿公迷路了，走失了。來回幾趟之後，我想起一個測試法，趁著ＬＵＣＫＹ跑到別處時，我就躲起來，躲到草叢中，或是大鐵門的後面。ＬＵＣＫＹ回到原處時，發現阿公不見了，牠急了，四處張望，喉嚨間發出吱吱的叫聲，這聲音就代表牠的惶恐、焦躁和不安。ＬＵＣＫＹ心裡在想，阿公被壞人帶走了，於是牠開始大吼大叫，就是那種攻擊的聲音。

我從門縫伸出頭來，輕叫一聲ＬＵＣＫＹ，牠轉頭發現了阿公，那股興奮的表情真是令人感動，不停的抱我，舔我，同時，也不忘咬我兩口，意思是，阿公喔，你跑去哪裡啦？

二十多分鐘後，回家啦。ＬＵＣＫＹ沒有忘記跑一段距離，就要回頭看看阿公，別把阿走丟了。

晚間，我在切水果餵牠時，牠就趴在旁邊，望著阿公，我切了一大盤芭樂，放在椅子邊，供牠獨自享受，牠每當吃了兩口就抬頭看看我，心裡也在疑問：阿公怎麼不吃芭樂？我說，阿公牙齒不好，咬不動芭樂，ＬＵＣＫＹ自己吃，阿公吃麵包。我在吃麵包時，也會喝杯小酒，這是絕配。

ＬＵＣＫＹ很快吃完了芭樂，望著我手裡的麵包，有意要侵吞我的麵包，我故意把酒杯湊上去，牠倒退幾步，開始朝著阿公大叫，意思是，ＬＵＣＫＹ不喝酒，要麵包，一邊叫，一邊就把我手裡的半片麵包搶走了。該吃的都吃到了，牠也滿足了，趴在我的腳邊，很快就睡著

LUCKY發飆了！

有一晚，那口子一本正經的對我說：喂，LUCKY今天發脾氣了。暴衝嗎？我問。有點暴衝的樣子，但不是衝著我暴衝。那口子說。

原來，傍晚，那口子和往常一樣，帶著LUCKY到頂樓跑步運動，隔壁樓層的小姐也帶著她家的波麗在樓頂出現。兩家的主人見面，必定要聊天，兩家的黃金狗狗必定也是碰來碰去，蹭來蹭去，各有各的表情，各有各的語言，反正，相處半個多小時，各自跟著主人回家。改天再見。

以往，我們家的LUCKY見到波麗後，總是主動的示好，搖著尾巴，跟前跟後，嘴巴頂著大姑娘的屁股，一副色狼的樣子。波麗因為做過結紮手術，對於這種類似性騷擾的動作毫無興趣，而且有點心煩，所以當LUCKY色迷迷的眼神一直盯著大姑娘的嘴唇時，大姑娘就會拉大嗓門，大嗆幾聲，碰著這種反應，LUCKY就會立刻跑到媽咪的身後躲起來，當一切平靜下來，ＬＵＣＫＹ又鑽出來了，又攏到大姑娘身邊示好，而且喜歡湊到大姑娘耳邊，竊竊私語。說些什麼，我們當然不明白，但我想得到，一定在說：「波麗，我很想和妳天天見面，但是我們家阿公不帶我上來，我咬他，他也不上來，我們家媽咪也是這樣，我好想妳喔。妳想不想我？」

ＬＵＣＫＹ一邊表達相思之情，一邊向波麗討好。但是波麗聽也懶得聽，只顧著甩開ＬＵＣＫＹ的嘴巴。波麗畢竟是一隻被結紮過的姑娘，身心都有點反常，我想，她最大的反常就是討厭像ＬＵＣＫＹ這型大帥哥的狗狗，可能是，你以為你長得帥喔？我大姑娘不稀罕，走開，走開。再不走開，本姑娘要生氣嘍。

ＬＵＣＫＹ死纏不放，「波麗，我家阿公今天給我買了一根牛皮骨頭，明天我帶上來，送給妳。好嗎？」

波麗翻臉了，喉嚨間發出嗚嗚的警報聲，這是警示的意思。ＬＵＣＫＹ當然明白這種共同語言，平時牠在家裡面對阿公搶牠的打火機時，也是發出這類警報聲，阿公只好鬆手，但是現在面對波麗的這種警訊，ＬＵＣＫＹ倒是不太在乎，那股不離不棄的樣子，回家後那口子告訴我：真沒出息，就像一輩子沒見過母狗。那口子又把ＬＵＣＫＹ拉到身邊，教訓牠：人家結紮過了，對男生沒興趣，你就死了這條心吧。ＬＵＣＫＹ對媽咪的話怎能聽得懂？甩甩頭，灑出一大堆口水，正巧灑在媽咪的腿上。

後來呢？LUCKY緊盯著大姑娘不放，人家不是已經發出警訊了嗎？那口子繼續說下去：結果就把姑娘逼急了，大姑娘一陣大喊大叫，LUCKY只好又閃到媽咪的身後了。真沒出息。那口子說。

一天過去，又到了黃昏時刻，那口子和LUCKY又上樓了。他們上了頂樓，也就是我去店裡的時間。

晚上回來，那口子發表了這段LUCKY發飆的談話。「我想，這一陣子以來，LUCKY被那家的大姑娘逼急了，既然已經沒有指望，乾脆就討回點面子，所以今天LUCKY一見到姑娘，就衝上去嗆聲，而且是想要咬牠一口的企圖。」

那口子說，LUCKY從沒有這麼兇過，很想咬一口的樣子，如果不是我拉住LUCKY，牠真的會咬波麗喔。

LUCKY一邊衝一邊嗆，妳明白牠在嗆什麼？我問那口子。那口子搖著頭，望著我說，你不是聽得懂LUCKY的話嗎？牠在說什麼？

我思索了一會，很正經的解讀：

……喂，妳有什麼了不起，從今天起，我們一刀兩斷，妳以為自己很美喔，阿公說，妳比我大好幾歲，老姑娘，我可是在室男喔，有什麼了不起，以後，不許妳到我家樓層，當心我咬妳，看妳一口大黃牙，噁心，我的牙齒每天都是我媽咪刷的，白白的，亮晶晶，呸，不理妳啦。

那口子聽我的解讀後，笑得腰都彎下去了，LUCKY看到媽咪笑得前仰後合，也跟著嘿嘿嘿。

但願我們家的在室男把老姑娘忘掉！

禮多人不怪

ＬＵＣＫＹ最近學會了握握手的動作。這是媽咪的得意成果，每當吃水果的時間，媽咪就會拍拍手叫著：小手伸出來，然後拉著牠的小手擺動幾下，水果就投入了牠的嘴裡。我們稱ＬＵＣＫＹ的前腳為小手，牠已聽習慣了。

每晚的水果時間，ＬＵＣＫＹ最愛吃水果，為了達到目的，牠也只好任由媽咪擺布，只花了五個晚上，只要聽到拉拉手，牠就伸出前腳，等候你去拉牠，擺動，否則，就吃不到水果了。

帶牠出去散步時，經常有路人會停下腳步，刻意摸摸ＬＵＣＫＹ的腦袋，牠也不會反感，我就藉機施教，我說，有人摸ＬＵＣＫＹ就表示高興，可愛喔，漂亮喔，ＬＵＣＫＹ就可以拉拉手喔，更可愛喔。

習慣成自然，造成ＬＵＣＫＹ只要自己心裡高興，也會伸出小手擺動，有時誇讚牠的陌生人已經離去，牠還在不停揮手，媽咪就會過去拍牠的爪子：白痴，人家都走開了，你還在握手，跟誰握喔？

隨著年齡長大，ＬＵＣＫＹ愛咬東西的習慣漸漸減少，因為牠的牙已長齊，不再癢了，最近，牠經常把頂樓花圃裡的小石頭叼回來，閒得無聊時，牠就含著小石頭，咬來咬去，媽咪就說，ＬＵＣＫＹ，當心把牙齒咬掉喔。雖然提醒牠，但從來沒見牠的牙齒脫落過。人說，狗嘴裡長不出象牙，我看這句話有語病，象牙又怎樣？象牙就比ＬＵＣＫＹ的牙還要硬嗎？

這兩天，媽咪在為ＬＵＣＫＹ節食，為什麼節食？原因是太胖了。我那口子就像資深獸醫一樣，說什麼太胖了會得心臟病、高血壓、糖尿病等等，反正那口子把男人的老年毛病，統統轉到ＬＵＣＫＹ身上，也是奇怪。那口子要為ＬＵＣＫＹ節食，那就節食唄，反正ＬＵＣＫＹ生活細節都由媽咪操控，沒辦法，由她去吧。

每天早起是兩片吐司，水果，飼料豆豆，午餐就免了，有時，我會帶著ＬＵＣＫＹ到樓下的超商買個麵包，供牠解饞。晚餐又是飼料豆豆和水果，ＬＵＣＫＹ對豆豆毫無興趣，牠愛的是羊肉泡飯，但是媽咪也有堅持，ＬＵＣＫＹ也能堅持，一直耗到晚上十一點左右，飼料盒內的豆豆一粒未動，媽咪有點冒火，開口了：「你不吃豆豆喔？今天沒有羊肉，你再不吃，我就倒在馬桶裡。」

ＬＵＣＫＹ趴在地板上，頭也貼在地上，眼睛卻是朝著媽咪的動作掃描，靜觀其變，又過了一會，韓劇結束了，媽咪從沙發上站起來，不再下達任何指令，走到飼料盒旁，拿起盒子，全部傾倒在馬桶內，一陣嘩啦嘩啦的沖水聲，沖走了。

ＬＵＣＫＹ的頭還是貼在地板上，眼睛轉來轉去，也注意阿公的反應，我沒出聲，媽咪進入臥房，但在關上房門之前，留下一句話：「明天還是豆豆，不吃就餓死，哼，跟我鬥，看誰鬥得過鬥誰？」我覺得很好笑，當然ＬＵＣＫＹ鬥不過媽咪。

我在進入臥房時，悄悄的在門縫中偷看，ＬＵＣＫＹ站起來，走到馬桶旁，伸著頭看裡面，什麼也沒有了。牠回到客廳，趴到牠的沙發上，也許一夜沒得好睡。

睡到午夜，門外傳來嗚嗚的聲音，我從門縫中看出去，是ＬＵＣＫＹ在沙發上翻滾。那口子說，一定是在說夢話，餓了。我不忍心，推門出來，到客廳，ＬＵＣＫＹ看我出來，搖著大尾巴，表示親暱，我摸著牠的脖子，問牠：「ＬＵＣＫＹ餓了嗎？」牠仰著頭，發出哦哦的聲音。我明白，回應牠：「餓了就吃豆豆嘛。」

ＬＵＣＫＹ走到豆豆的盒子旁，望了一眼，走開了。又回到沙發上去，趴著不動，看牠是要堅持到底了。

天亮了，大家都起床。那口子到洗手間去洗臉刷牙，撇了一眼裝豆豆的盒子，動也沒動，那口子只是哼了一聲，意思就是：好，看誰堅持得最久？

ＬＵＣＫＹ雖然昨晚沒吃飯，但牠卻沒有把刷牙的動作忘掉，跑進洗手間，擠到媽咪身畔，意思是：媽咪，我要刷牙啦。

LUCKY的這個動作倒是把那口子的一肚子悶氣全打散了，開始給LUCKY刷牙，牙刷完了，再洗臉，眼睛下掛著的眼屎都要清除，一切打理乾淨，吃早餐了，早餐是兩片吐司，半個芭樂，還有，就是盒子裡的豆豆，LUCKY吃完了吐司和芭樂，自動的攏到盒子邊上，把昨晚沒吃的豆豆吃得一粒不留。

LUCKY很明白，牠是鬥不過媽咪的，因為牠很清楚，牠只能跟阿公鬥著玩，咬咬阿公，媽咪是不能惹的，惹急了媽咪，自己不是又要餓一夜嗎？

吃藥的時間到嘍！

晚飯吃完，應該要吃水果了。

LUCKY東張西望，怎麼不見媽咪端出水果？原來，媽咪吆喝一聲：吃藥的時間到嘍。對，今天還沒吃藥，怎能吃水果呢？

只見LUCKY一個縱身，早就坐在自己的沙發上了，嘴張得老大，等候媽咪把消炎片塞入牠的嘴裡，不過，在消炎藥的外層包著一小片麵包，這是那口子想的好辦法，很順利的就把消炎藥吞下去了。

餵狗狗吃藥確實需要有番研究，早先，獸醫會教主人把藥片塞到狗狗的大牙下端，牠就會吞下去了，但是回到家裡，LUCKY很會搞怪，等媽咪轉個身，牠就把藥片吐了出來，媽咪氣得給牠一巴掌，沒用，再給牠巴掌也不吞下去，不吃就是不吃。

聰明的那口子想到一招，因為LUCKY很愛吃烤地瓜，切一片烤地瓜，包著藥片，再塞入嘴裡，然後再按著牠的嘴，不許張開，三秒鐘，吞下去了，漂亮。

ＬＵＣＫＹ確實很精靈，牠知道每次吃了媽咪餵的烤地瓜後，腳底的疼痛就不痛了，又能跑上樓去玩了。所以只要媽咪吆喝：吃藥嘍，牠就會跳到沙發上坐好姿勢，等著吃有點怪怪的烤地瓜。

我們發現ＬＵＣＫＹ經常性的甩耳朵，送去獸醫看診，原來是感染了，黃金獵犬的可愛就在牠的兩片大耳朵，打針吃藥，花了六百元。後來，我們向寵物店購專門治療狗耳朵的藥水，不必再跑獸醫診所，也挺有效，因為大耳朵癢癢就是黴菌在作怪，殺死黴菌就不再癢了，省了好幾百元。當ＬＵＣＫＹ又開始甩大耳朵時，媽咪就會從冰箱內取出藥水，牠就跳上沙發，趴在上面，等著媽咪來點藥，反正只要是癢痛的毛病，ＬＵＣＫＹ就知道媽咪要採取什麼行動了。

為什麼黃金獵犬受到那麼多人的喜愛，主因就是牠的脾氣好，一身的金色長毛，即使不愛寵物的人，見到黃金獵犬也會禁不住多看牠幾眼。但是大家可曾了解，黃金狗狗能夠經常保持人見人愛的外型，真的要付出很多心思照料整理，除了注意牠的皮膚健康，還要經常為牠梳理，我家洗澡間內就有整排的寵物梳子剪子，那口子每天帶牠到頂樓陽台散步時，就趁機梳剪牠的長毛，每年夏天必須要做兩次剃毛處理，這是寵物店的生意，每次最少花費一千二百元，這又是無法省去的花費。

多少家庭飼養寵物的目的，就是好玩的心態，尤其有小朋友的家庭，為了順應小孩的要求，養寵物，但不知寵物是有生命的動物，不是機器玩具，你必須付出相當大的心力精神照顧牠，牠才會給你帶來樂趣，牠健康，你也快樂。

通常，一條狗狗從小到大，每年必須按醫師指示注射四種預防針，花費也得二千元，每月必須吞服一粒心絲蟲藥劑，還有防止皮膚病的外搽藥，另外偶發性的毛病也不得不送去獸醫求診，這些都在花錢，為什麼街頭的流浪狗那麼多？就是被那些沒有耐心的飼主趕出家門的寵物呵。

因此，必須提醒各位，如果你有心要飼養寵物，不論是貓和狗，你必須思考有多少時間和牠在一起？你的子女有沒有過敏疾病？因為貓狗的毛是造成過敏的主因；另外，你家的活動空間很大嗎？你家的小孩會不會三天的熱情過去，就不再理會寵物了？

如果，一切都是正面的答案，你就挑選你愛的寵物吧。

我被LUCKY拖斷大腿的那夜

當這本為LUCKY而寫的生活日誌即將結束前，出狀況了！相當嚴重！LUCKY一個突發的暴衝動作，把我拖倒在馬路上，我的大腿髖關節整個破裂，救護車送我到醫院，開刀，換裝人工關節，至今仍在恢復中。

那天是一百年十月十九日星期三，晚間八點左右，LUCKY已經趴在我工作室門前，等候出發，這是我們老小出門散步的時間，一天也不能延誤。

我為牠套上揹帶套，再鉤上牽引索，我的手腕就套在牽引索的另端。出發了。

我們每晚都是從大樓後面繞一圈，再回到原點，這晚，一路正常，LUCKY是走走停停，四處張望，雖然每天必走，但是依然新鮮好奇，拐彎上了另條小道時，LUCKY又停止前進，我不知牠在想什麼，等我回過神時，牠早已鎖定目標，原來牠發現馬路對面的停車場內有小朋友在玩球。

每當籃球在地上拍出砰砰的聲響時，ＬＵＣＫＹ再也憋不住了，牠急於奔過馬路，這時如果我鬆脫繩套，由牠奔去，也就沒事了，但是拉得太緊，我的手腕抽不出來，就這樣，整個人重摔在路邊，右側落地，正巧就髖關節的部位，我支撐著想站起來，卻礙難照辦，想挪動一下身子，也不行，我心想，這下摔得不輕，但沒料到是骨頭碎了！

我趴在馬路邊，向各方張望，ＬＵＣＫＹ已經越過馬路，追逐玩球的孩子。事實上，我們已經有多次經驗，ＬＵＣＫＹ只要在任何時間，任何地點，一發現了球，牠就亢奮，牠就激動，牠就不顧一切的衝上去搶球。牠沒有惡意，牠就是喜歡球，牠認為球就是屬於自己的玩具，但是玩一會兒牠也會走開。雖然我們碰上多次同樣狀況，但是今晚我沒有發現球的位置時，牠已把我拖倒。後來玩球的孩子散了，ＬＵＣＫＹ落單了，回過頭看著阿公趴在馬路旁，牠或許覺得不對，覺得出了問題，朝著阿公汪汪大叫，這種聲音似乎有些慌亂，也許有些害怕，一位路過的先生問我怎麼樣？我託他到前面一家機車行，把我現在的狀況告訴車行小老闆，他們就會來處理救援，因為我們是同層大樓的鄰居。

兩三分鐘後，車行小老闆來了，第一個動作就是把ＬＵＣＫＹ帶回家去，ＬＵＣＫＹ不肯走，站在馬路前一直盯著趴在地上的阿公，汪汪大叫，莫非牠在想：阿公為什麼不站起來？牠又怎知阿公站不起來了，阿公痛死了。我朝著小老闆揮揮手：回去吧，通知我太太，趕快過來。

ＬＵＣＫＹ很勉強的跟著小老闆走了，走走，停停，一路停下看阿公，那模樣，真有點生離死別的哀戚。又過了三五分鐘，那口子趕來了，救護車也來了，管區警察也來了。抬上救護車，朝著最近距離的高雄聯合醫院奔去。

在急診處等候骨科醫師診斷，照了三張片子，骨科醫師做了決斷性的處理；明早十一點開刀，因為右側大腿部位的髖關節破裂了，醫師說，由於破損程度很嚴重，所以必須換裝一副人工關節。

我躺在病床上，等候那口子辦理住院手續，我注視著雪白的天花板，腦子裡又出現了ＬＵＣＫＹ的影子，想到一個多小時前，牠暴衝的動作，想到牠可能明白發生了意外，心裡很急的模樣，發出狂吠的驚恐，嘴張得好大好大，又想到小老闆帶牠離去，牠卻不肯走的無奈表情。

我在我和ＬＵＣＫＹ之間，下了一句留言：我們都是受害者！

午夜，轉入住院病房，我勸那口子回去吧，沒必要留在這裡，我又沒有昏迷，不必守在這裡，回去吧。其實，我心心念念還是ＬＵＣＫＹ，留牠在家，天黑了，媽咪不在，阿公也不知去了哪裡，牠一定很害怕。牠不是在野地奔跑的流浪狗，牠是受到呵護的黃金獵犬，牠哪經得這種突來的變化？那口子回去了。

那口子走出病房時，留下一句：「我就知道你放心不下ＬＵＣＫＹ，為了牠，你已付出最高代價了。」

護士小姐為我注射了止痛針，重創部位雖已止痛，但卻無法入眠，腦子裡就是被很多思緒纏著，理不清一個頭緒，我想到每天去市場買菜的問題，誰去買菜呢？如果由市場人員每天送菜，不但價格要上升兩成，而且也並非最好的品質。不過，我又放心了，因為那口子確實是位肯幹能吃苦的女性，什麼艱困場面一出現，她都能力挺，想到這個關鍵上，我就放心了，應該可以挺得過去吧？我又想起剛才那口子走出病房時的一句：你已付出最高代價了！

被救護車送來醫院途中，那口子就在碎碎唸：「早就預感到，養寵物，就是要付出代價呵！」

仔細想想，也是沒錯，但那口子付的代價也不會比我低，她對ＬＵＣＫＹ真可說是呵護備至，只要有空閒，就是在ＬＵＣＫＹ身上無盡的付出，請問，全天下又有幾個養寵物的人家，每天早起有為牠洗臉刷牙的女主人，那口子做到了，所以，我們的ＬＵＣＫＹ走到任何場合，就是一副大白牙討人喜歡。

我有點睏了，再睜開眼睛時，那口子又出現在床前，不等我開口，她就知道我要問什麼，「ＬＵＣＫＹ一晚上都趴在門前，沒有活動。」

我明白，牠在等阿公回家。

為什麼阿公沒回來呢？早晨不吃麵包了。趴在門前，偶爾還會透過門縫瞄著外面，什麼也沒有看見，牠就掉頭望著媽咪，希望媽咪給牠答案。吃早飯的時候，媽咪告訴LUCKY，阿公住在醫院打針，不回來。媽咪順手給牠一片麵包，不吃，又回到門邊，緊貼地面，希望看到阿公回來。

上午十時，護士推我進入手術室，要開刀了。麻醉醫師向我解釋，今天用局部麻醉，只有腰部以下失去知覺，上半身仍很清醒，手術時間約兩個多小時。聽來似乎很輕鬆，但是想想，一根人造的關節插入體內，又是什麼感覺？

不敢想像。可是，此時此刻已經躺在這裡了，又能怎麼辦？由他們處理吧。

我又被推進另一扇門，看到吊掛的手術燈，我明白這才是開刀的房間，真正的痛苦開始了，麻醉師三人，前面一人，後面兩人，後面的兩人將我的身扭成弓字形，就像死蝦子一樣，目的就是顯露我的脊椎骨，然後，注射針從骨縫中穿入，這也是要命的時刻，那股痛徹心扉，真不是一語可道盡，接著三針下去，我的下半身開始沒有感覺了。

從醫師在拿取手術工具的聲響，我了解大腿已經皮開肉綻了。我把注意力轉移方向，轉到我們在春節要出外露營的活動上，用來鬆懈緊繃的心情，對呵，春節快到了，我早就安排了。今年不做環島，因為很多景點都已走過，今年計劃走半個台灣，我想從南迴公路到知本，泡湯，半路在太麻里吃海鮮，在知本停留一夜或兩天，因為在入夜後，知本大街上也令人感到很鄉土，很新鮮，LUCKY也能大步走，沿路都是風味小館，其中燒酒雞最討好那口子，白天就可在山道上漫步，又是ＬＵＣＫＹ的快樂時光。離開知本後，不必在台東停留，經山線關山，夜宿關山，也可泡湯，我在歷次環島的旅遊中，得到一個心得，台灣周邊只要靠近山區的鄉鎮，幾乎都有溫泉，而每個地方的泉水品質不同，有的泉水不但可泡湯，又能生飲，有的溫泉水溫特高，生雞蛋投入，稍候幾分鐘就變成水煮蛋了。

每到一個陌生的農村，ＬＵＣＫＹ都會好奇，四處尋找昆蟲，飛的、爬的、掛在樹上的，都能引起牠的最大興致，因為牠沒見過，在家裡也只見過蟑螂，來到郊野，海闊天空，樣樣都是新畫面，難怪牠會玩得開心，因為ＬＵＣＫＹ高興，我們也就不覺得旅途寂寞了。

因為腦子裡有各式外出露營的景觀，所以也就把醫師在腿上的動作暫且放置一邊了。麻醉醫師來到床頭，說：已經開始縫合了，再十分鐘就可結束。

回到病房，整整躺了九天，終於聽到醫師的一句話：明天可以出院了。

那晚，我問那口子：ＬＵＣＫＹ知道阿公要回家了嗎？

那口子已經告訴牠了。

有什麼反應？沒有反應。那口子說，誰知道牠在想什麼，但是牠聽懂阿公要回家了。

上午十一點，回家了。剛出電梯門，就聽到ＬＵＣＫＹ傳來很怪異的叫聲，牠還記得阿公的腳步，也可能老遠就嗅到阿公的味道，牠開始興奮了。

我拄著四腳的支架，一步步的往家門移動，ＬＵＣＫＹ除了吼叫，也開始用爪子抓門，牠想出來，想出來迎接阿公呵。

那口子推開家門，擋在我的前面，而且吼LUCKY不許碰阿公，走開走開，那口子唯恐牠衝上來，舉腳去踹牠，又用手杖擋牠，LUCKY也急了，就是想抱抱阿公，我太明白牠的心意了，但是不難以，萬一牠又把我推倒，後果就可以想像了。

那口子為我安排了一張特別架高的單人床，晚上，我就睡在這裡。當我平平的躺下後，LUCKY也攏了過來，被媽咪趕走了，叫牠回到自己的沙發上。但我半夜醒轉，發現LUCKY就趴在高架床下，我摸摸牠的腦袋，牠用勁的舔我。或許牠在說，阿公呵，你去哪裡嘍？你不要LUCKY嘍？你還會帶LUCKY去散步嗎？

我當然不明白牠在想什麼，但是從牠的眼神看得出來，牠對阿公是懷著很多期待的，但牠絕不知情，那晚就是因為牠的一個動作，造成今天的後果。

我又睡著了，LUCKY也睡著了，牠又在嗯嗯吱吱的說夢話了。

牠今夜必定睡得很安穩，因為牠就睡在阿公的床腳下。

一根人造髖關節，作為ＬＵＣＫＹ生活日誌的完結篇！

還記得，ＬＵＣＫＹ長到兩歲時，帶牠到獸醫診所打各式預防針，在量體重時，超過三十七公斤。王醫師特別提醒我，注意為ＬＵＣＫＹ控制體重，不能再超過了。

回家後，我把這段話轉告那口子，那口子也覺得ＬＵＣＫＹ太胖了，她說，從此由她來控制，一天就餵兩餐，早餐吃水果，晚餐吃飼料。乍聽之下，確實很健康，也有減肥的可能，但是事實又是如何呢？

事實就在一段時日之後消失了，一切又回到原點；所謂原點就是ＬＵＣＫＹ又隨心所欲了，牠每天又超過了預定的食量，為什麼？因為牠有牠的辦法。

每晚我們在吃飯之前，已經把牠的飼料安排妥當，牠會很快吞食乾淨，目的就是吃完牠自己的飼料，再來桌上等候我們的美食，那口子不理牠，而且叱牠，於是牠就轉到我的腿下，先用小手抓我，意思是：阿公呵，LUCKY沒吃飽，還要吃，還要吃啦。

如果我也不理牠，牠就使出第二招，甩口水，黃金獵犬的口水是驚人的，當牠很想吃而吃不到時，牠就搖擺大腦袋，一左一右，來回兩三轉，滿嘴的口水統統甩出來了，落點在哪裡？很恐怖，也許甩在你腿上，也許落在你的菜盤裡，反正，不達目的誓不罷休。

我失敗了，那口子也不吭聲了，不過嘴裡會唸：吃吧，吃出心臟病、糖尿病，反正由你帶牠去找王醫師。

隔了兩個月，LUCKY瀉肚子，去找王醫師，注射了兩針，花了六百元，回家了，王醫師在為LUCKY診療時，再一次提醒我，再不減肥不行呵。王醫師特別明白指出；狗不會餓死，但會因肥胖而引發很多毛病，治療起來也很花錢。

我問王醫師最嚴重的是什麼毛病？他指著一副人造標本說，這是狗的髖關節，當狗狗的體重超過，髖關節無法支撐時，往往在運動時，就會受到傷害，嚴重的話，要更換人工關節。因為狗狗已經癱瘓，不能活動了。

王醫師又特別表明，有的狗狗患了髖關節毛病，屬於先天性，這就是遺傳性的髖關節病症，在美國發現狗狗有了遺傳性的髖關節症候時，幾乎都是進行安樂死。

否則一代遺傳一代，永沒了結，造成品種上極大的困擾。

我又問王醫師，更換人工髖關節的醫療費用是多少？

五萬元。我記住了。

回去向那口子報告，我們又再一次堅持為ＬＵＣＫＹ進行減肥計劃；早晨吃水果，晚餐吃飼料，為了調整牠的營養均衡發展，每周吃兩次雞骨頭，ＯＫ，就這麼決定了。雖然收效不大，但ＬＵＣＫＹ的體重並沒有繼續上升，這已是很好的成果了。

每晚，我和ＬＵＣＫＹ外出散步時，看牠搖晃著很粗的腰部，舉步有些吃力的樣子，我就想：ＬＵＣＫＹ四肢健壯，進入老年後，應該不會有什麼問題吧！

髖關節一直是纏繞我腦際的大問題，我想很遠，萬一ＬＵＣＫＹ不幸在老年出了髖關節的毛病，我們又該如何面對？等等，等等……

結果呢？年輕的ＬＵＣＫＹ卻把年老的阿公拖倒了。正巧就是傷及髖關節。這樣倒好，我自我安慰：我先替ＬＵＣＫＹ嘗到了痛苦。

我在臉書上的一段留言寫道：ＬＵＣＫＹ已經躲過了一劫，阿公替牠擋住了，今後牠可以更健康、更快樂，這也是阿公所期待的！

我就用一根髖關節作為ＬＵＣＫＹ生活日誌的驚嘆號！

後記

去年十二月以來，口腔潰瘍嚴重，一月初去大型醫院檢查，三位知名的醫師都確定我的癌症已到末期。我夜裡躺在醫院，腦中出現兩種狀況：我的那口子以後怎麼辦？ＬＵＣＫＹ的生活日誌怎麼收尾？

大塊文化的董事長郝明義先生曾先後兩度到醫院探望，他向我保證，ＬＵＣＫＹ的書必定出版，而且要舉行新書發表會，風風光光，漂漂亮亮。

明義兄向我口頭承諾後，我心安矣，心願已了，一切不就是為了心愛的ＬＵＣＫＹ嗎？

那天之後，我夜間不會失眠了。

在癌症的折騰下，我體重從八十二公斤下滑到六十二公斤。

ＬＵＣＫＹ經常坐在電腦室外望著我；心裡莫非在想，阿公怎會變成這樣？

晚上，牠必定趴在我的小床前，陪著我入睡，如果我很久沒有翻身，牠就拉動我被角，或許，LUCKY已經感到愛牠的阿公走了，再也不回來了。

趙老大現在是在和癌細胞做拔河比賽，看那一方獲勝？

按動物的年紀推算，LUCKY最少還有十年可活，但趙老大是不做這類指望了，不過，我只要希望每天多看牠一眼也好，即使有些妄想，但我仍這樣堅持。

就像我跟癌細胞拔河一樣。

趙老大

二〇一二年二月二十二日於高雄

國家圖書館出版品預行編目資料

趙老大蹓狗記：
黃金獵犬Lucky的生活日誌/趙慕嵩著. ;
-- 初版. -- 臺北市 : 大塊文化, 2012.04
面 ;　公分. -- (smile ; 104)

ISBN 978-986-213-325-5 (平裝)

1.犬 2.文集

437.35　　101001911

LOCUS

LOCUS

LOCUS

LOCUS